本书受国家自然科学基金资助（项目编号：71572169）

基于漏洞特征学习的软件
质量改进机制研究

彭建平　著

中国财经出版传媒集团

经济科学出版社
Economic Science Press

图书在版编目（CIP）数据

基于漏洞特征学习的软件质量改进机制研究/彭建平著．
—北京：经济科学出版社，2018.6
ISBN 978 - 7 - 5141 - 9485 - 2

Ⅰ.①基…　Ⅱ.①彭…　Ⅲ.①软件开发 - 安全技术 -
研究　Ⅳ.①TP311.522

中国版本图书馆 CIP 数据核字（2018）第 150305 号

策划编辑：王　娟
责任编辑：张立莉
责任校对：郑淑艳
责任印制：邱　天

基于漏洞特征学习的软件质量改进机制研究
彭建平　著
经济科学出版社出版、发行　新华书店经销
社址：北京市海淀区阜成路甲 28 号　邮编：100142
总编部电话：010 - 88191217　发行部电话：010 - 88191522
网址：www. esp. com. cn
电子邮件：esp@ esp. com. cn
天猫网店：经济科学出版社旗舰店
网址：http://jjkxcbs. tmall. com
北京季蜂印刷有限公司印装
710 × 1000　16 开　14.25 印张　230000 字
2020 年 2 月第 1 版　2020 年 2 月第 1 次印刷
ISBN 978 - 7 - 5141 - 9485 - 2　定价：69.00 元
（图书出现印装问题，本社负责调换。电话：010 - 88191510）
（版权所有　侵权必究　打击盗版　举报热线：010 - 88191661
QQ：2242791300　营销中心电话：010 - 88191537
电子邮箱：dbts@ esp. com. cn）

目　录 CONTENTS

第 1 章

绪　　论

1.1　研究背景

根据数据（见表 1 - 1）整理发现，软件产业规模和网络用户规模逐年递增，人类活动对软件产品的依赖程度越来越高，软件产品的广泛使用为人类活动带来了效率和便利，但是由于软件产品的安全性缺乏显性价值并具有外在性，软件安全漏洞与产业规模呈现同步增长的严重态势（见表 1 -1），导致黑客利用安全漏洞信息非法侵入用户系统并带来巨大的经济损失。根据美国联邦调查局的调查报告显示，美国每年因为网络安全造成的经济损失超过 170 亿美元，软件安全漏洞快速漫延使全球信息安全环境受到严重挑战[①]。目前由于供应商的软件漏洞有效学习机制研究滞后于市场对软件产品的需求，其迫切需要针对已发现的安全漏洞学习与质量演化规律的理论和方法支撑。鉴于软件产品在全球经济活动中的重要性和对全球经济的贡献，软件供应商如何从安全漏洞中寻找相应的安全编码知识来改进软件质量已成为全球软件研发（R&D）领域具有前瞻性的研究课题。

[①]　曾华国，陈芳. 网络安全，中国新经济的"瓶颈". 人民网，http：//www. people. com. cn/GB/channel5/30/20000808/177713. html.

表1-1　　　　　　　　　　　软件行业信息

项目	2009 年	2010 年	2011 年	2012 年	2013 年	2014 年	2015 年	2016 年
软件行业收入（万亿元）	0.99	1.36	1.88	2.48	3.10	3.77	4.30	4.90
互联网人数（亿人）	3.84	4.57	5.13	5.64	6.18	6.32	6.88	7.31
软件漏洞数（个）	5735	4635	5353	7197	7075	8153	7713	8359

资料来源：中国电子产业统计报告（2016）、中国互联网中心（2016）、中国国家安全漏洞数据库（CNNVD）。

　　与传统的软件质量提升研究有所不同，我们更多地强调软件供应商关键安全漏洞特征的学习机制、员工研发网络结构对漏洞知识的学习、吸收和分享促进软件研发质量改进的机理探讨。我们通过对国外相关文献的深入分析，发现各国学者对如何改进软件质量有大量研究，取得了许多有价值的开拓性成果，但对软件供应商的安全漏洞学习与软件质量关系的瓶颈问题研究一直处于停滞状态，如供应商漏洞特征学习与软件质量的演化、软件研发网络特征与创新质量的关系、研发管理与质量管理系统的匹配机制等，目前尚未有成熟的理论和研究框架。具体表现在：（1）缺乏基于信息安全漏洞特征的软件供应商分类。软件漏洞修复是供应商不断学习经验的过程，如何从已发现的漏洞错误中学习是他们改进其产品质量的关键因素（Abdel‐Hamid et al.，1990），由于不同供应商的学习能力不同，因此，影响供应商学习的关键漏洞知识也必然存在差异，而寻找软件供应商的研发质量与学习能力的差异需要选择合理的、有效的模型对软件供应商分类。（2）缺乏对影响软件质量演化的安全漏洞特征学习的理解。由于软件漏洞数量逐年增长，让研发员工学习所有漏洞产生机制来规避软件研发错误并不现实，而缺乏系统的漏洞知识学习又是导致软件质量不确定性的重要因素，重点关注已发现软件漏洞特征的学习和员工研发网络的优化可以有效地改进软件质量，但这些因素如何影响软件质量的演化至今缺乏系统认知。（3）企业的学习能力对智力资本与企业绩效具有调节作用。这是因为主流文献认同人才是企业的核心竞争力，而人是智力资本的重要载体，智力资本如何转换为企业绩效，企业内部员工的学习行为与绩效的关系仍是一个黑箱，通过软件行业员工间的漏洞知识分享与学习并进而影响创新质量的研究是形成软件供应商创新行为前因后果的系统化认知的基础，厘清这个问题对中国软件企业的创新实践具有积极的理论指导意义。上述问题是软件供应商如何通过有效学习推动软件质量全面改善的瓶颈，更是从源头持续提升软件质量、充分用好智力资本的关键所在。

互联网迅速增长为信息安全带来了极大挑战。如今，互联网已成为人们生活中密不可分的一部分，互联设备的爆发性增长，尽管有利于社会大众的沟通和信息交换，为人们的生活带来极大便利，但同时也为恶意的个人或组织提供了利用的机会。如果互联设备出现安全漏洞，不仅会对互联网的安全产生重大影响，而且可能会为使用互联网的企业或组织带来重大的经济损失。黑客对漏洞的攻击类型包括网络监听、拒绝服务攻击、利用系统漏洞掌控目标主机、利用数据库漏洞破坏目标数据、散布计算机病毒等。

安全漏洞受到攻击可能带来严重的经济损失。2010 年，百度因域名注册商服务器的漏洞被黑客攻击，其首页无法访问长达 12 小时，承受了超过 780 万元人民币的损失（曾建光等，2016）。除此以外，安全漏洞引发的安全事件也会对个人生活产生极大的困扰，如数据泄露。2013 年，美国总共有 619 起数据泄露事件被报道，泄露了大约 580 万个个人信息或财务记录（Frenke，2014）。因此，如何减少信息安全的危害，特别是漏洞带来的损失，对经济发展及社会生活至关重要，亟须努力解决。

安全漏洞的减少需要各方力量的共同努力。在软件投放到市场之前，尽管研发团队在开发测试过程中会一定程度地改正程序中出现的错误，但实际上更多的漏洞会在使用过程中被发现。对于没有专业知识的普通用户而言，对软件质量的评价很大程度取决于所期望的功能是否实现，但用户通常只能在使用过程中对软件质量进行评价，事先无法知道软件是否会产生影响使用的安全漏洞，甚至无法准确评估漏洞对自身带来的危害。如果缺少对漏洞的挖掘与披露，质量较差的软件可能会因为较弱的研发投入带来的价格优势赢得用户青睐，由此将质量较好的软件排斥出市场，造成软件市场清零。因此，漏洞的挖掘与披露至关重要。目前，有许多研究对漏洞挖掘技术进行了完善，在国内也有许多科技公司积极挖掘分析漏洞，如奇虎、启明星辰、绿盟科技、腾讯科技、阿里巴巴网络技术等。而政府也投入了大量的资源推进网络安全技术自主创新，加快建设信息安全体系。为此，中国信息安全测评中心通过建设运营中国国家信息安全漏洞数据库（china national vulnerability database of information security，CNNVD），统一收集漏洞，积极披露漏洞信息，帮助软件研发社群从漏洞信息中进行学习。

"没有网络安全就没有国家安全，没有信息化就没有现代化"[①]。软件漏洞是信息安全风险的主要根源之一，互联网的快速发展，迫使人们更加努力地寻找改善软件产品质量的方法以减少经济活动安全和国家安全被恶意侵害。本书从理论和方法两个方面围绕关键漏洞特征学习与软件质量的关系，研发创新网络优化，构建类别模型、负二项式模型、非线性模型以及软件供应商内部研发员工学习效果对智力资本与企业绩效的探索性研究。项目预期成果为满足不同软件供应商高效创新网络的构建与优化、有效快速的漏洞学习提供理论支持和最佳实践，帮助供应商实现低成本的有效学习，使软件研发的创新质量具有经济性和可操作性。

1.2　研究内容

软件漏洞是在软件产品生产过程产生的，虽然有严格的漏洞检测和控制环节，但是软件漏洞由于各种原因不可能完全被消灭，因此，减少漏洞总数，降低漏洞风险，对软件研发社群具有重要意义。如果软件产品产生的安全漏洞影响了软件功能的实现，甚至对用户的系统和数据造成威胁，用户就会失去对产品的信任。而且直接给公司带来经济损失，例如，微软曾经因为 Internet Explorer 存在安全问题损失了巨大的市场份额。即使研发社群不关注经济利益，但如果用户因为安全问题对软件产品失去信任，研发社群会损失长期用户群，影响自身的声誉。中国国家信息安全漏洞数据

---

① 2014 年 2 月 27 日，习近平主席主持召开的中央网络安全和信息化领导小组第一次会议上的重要讲话。

库是促进软件质量改善的一个机构，它通过信息发布告诉用户和软件供应商哪家软件企业的产品出现了问题，这种信息发布机制是向社会发出信号，如果其软件企业不进行响应，对有产品问题的软件企业会造成经济损失。所以，软件研发企业需要积极响应漏洞的披露，及时开发补丁，并从过去的错误中学习以改善软件质量。

从过去的错误中学习，避免相似错误重复发生是一个被人们普遍接受的学习方法。实际上犯错的经验能够帮助我们了解犯错的原因，避免未来犯同样的错误，从犯错中学习是普遍而有效的学习方法。从以往的研究中可以发现许多组织从犯错中学习的例子，1992 年，有学者证明了错误是组织学习过程的重要组成部分（Sitkin，1992）；而在 2005 年，学者们提出识别—分析—有意实验的规范化学习过程（Cannon and Edmondson，2005）；中国学者喻子达和刘怡（2007）研究了从项目运作失败中学习的过程；赵荔（2012）对创业者从失败的创业经历中学习的过程进行了实证研究。这些经验和研究告诉我们从过去的错误中学习可以减少组织出错的概率。

软件研发社群从过去的错误中学习可以减少同类软件错误，提升软件质量。当漏洞通过用户体验或行业披露被发现时，软件研发社群有针对性地发布补丁，提升软件质量，快速恢复用户信心，减少漏洞带来的负面影响。组织通过补丁开发，研发社群可以深入了解漏洞出现的原因，并对出现的错误进行学习和修正，有助于避免在未来犯下类似的错误。这实际上是软件研发企业不断学习、从过去的错误中总结经验、改善软件质量的过程。对于软件研发企业而言，开发补丁实际上是研发项目计划外的活动，但往往会更多地占用社群资源以及成员的精力。一些学者认为额外开发补丁比起在开发周期修正问题需要额外花费 4~8 倍的成本（Hoo et al.，2001），并指出无计划的软件维护过程会产生极高的成本（Banker and Slaughter，1997）。如果研发社群能够从过去的错误中学习，并改进安全编码实践和流程，他们就可以通过减少未来的补丁开发而显著降低成本。在实践中，研发社群经常会分析漏洞的特征，开发可靠的补丁，检查通用模块以纠正类似的问题，经过类似的学习过程，相应漏洞特征的漏洞数量就会减少，而减少的数量可以反映该研发社群的学习能力。可以说，研发社群利用这些方法从过去的漏洞中学习。由于漏洞无法避免，良好的学习结果并不意味着漏洞的杜绝，但至少意味着较少的漏洞总数或者较安全的漏洞风险，因此，软件研发社群有必要了解如何从错误中学习，从错误中进行学习的能力是研发社群改善软件质量的关键因素。

自 20 世纪以来，尤其是随着开放式操作系统 Linux 的出现，开源软件的流行对软件市场的竞争格局、软件供应商的商业模式产生了巨大影响。许多学者注意到开源软件与专有软件的差异，研究了它们的市场表现和竞争行为（邢俊峰，2009；王广凤，2008）。由于组织形式、生产方式、成员特性等的差异，开源软件研发社群与专有软件研发社群产生漏洞的原因、漏洞被攻击的方式、频率等都会有所不同（Ransbotham，2010），因而两类研发社群对漏洞特征进行学习的行为也会存在差异。因此，在软件质量改进过程中，两类研发社群应该重点提升漏洞特征的学习能力也会存在差异。

漏洞信息的发布从经济学的视角解决了软件产品质量信息不对称的问题，客户购买软件并不能及时地发现软件错误，而研发供应商主观上并不想有漏洞的软件产品投放市场，但是，这类产品要做到完全没有漏洞是不可能的，并且成本极高，因此，软件供应商主动改进软件质量的动力不足，而中国国家信息安全漏洞数据库作为第三方发布软件漏洞信息对软件供应商改进质量就具有促进作用，漏洞数据库披露的漏洞信息也会成为软件研发社群学习的重要依据。CNNVD 对漏洞信息的公开披露有助于软件研发企业及时了解自身软件产品的缺陷，从而及时开发补丁并从错误中学习。由于学习需要付出额外的努力或成本，软件研发社群学习的动力会大打折扣，学习的效果也会受到负面影响。因此对 CNNVD 披露的漏洞信息进行研究分析，可以促进软件研发社群从中学习并改进软件质量。

基于以上论述，本书将基于漏洞库披露的漏洞信息分别探讨软件研发社群从错误中学习的行为。首先，将 CNNVD 公开披露的漏洞信息从网站上采集下来，并根据漏洞简介或漏洞公告整理出各个软件研发社群各个时期的漏洞数量，包括各种危害程度对应的漏洞数量和各种漏洞类型对应的漏洞数量。其中，由于 CNNVD 对漏洞类型的分类基于抽象层级，在不同的层次研究漏洞，会对相同漏洞产生不同的分类，本书拟结合阿拉斯姆（Aslam，1996）漏洞分类法和常见缺陷列表（common weakness enumeration，CWE），并剔除出现次数极少的漏洞类型，按照 9 类漏洞特征分析数据。其次，通过漏洞简介和研发社群网站披露的信息，对研发社群的类别进行标记。通过对整理好的漏洞信息进行分析，本书主要研究以下几个问题。

（1）影响研发社群漏洞总数的关键漏洞特征；

（2）影响研发社群漏洞风险的关键漏洞特征；

（3）软件供应商的组织学习如何促进智力资本向创新质量转化；

（4）研发数据与软件过程的改进案例；

（5）软件研发员工的社会网络与创造力。

为了解决这些问题，本书分别使用中国漏洞数据库、股票数据库和企业软件研发管理数据库中的数据探讨上述问题，通过研究学习成果与学习能力的关系帮助软件研发社群有针对性地学习关键漏洞特征，合理高效地利用智力资本和研发投入，有效地改善软件质量，提升软件企业的创新绩效。

1.3　研究意义

从软件安全漏洞数据库的漏洞特征数据到软件研发社群的学习行为研究非常少见，因此，本书有助于发现漏洞学习特征与软件质量的直接关系。软件漏洞的产生会对软件质量产生不良影响，进而影响软件供应商的声誉，甚至会对用户和软件供应商造成经济上的巨大损失。目前，对于软件质量的研究，多数集中在软件供应商尚未发布产品之前，在开发过程中对软件进行规范化开发及测试进行的改善，而缺乏针对漏洞数据库的漏洞学习与软件质量关系的系统研究。现实中，软件供应商除了通过内部的规范化及测试之外，提高软件质量很重要的途径就是从外部公开的漏洞数据库中学习。软件供应商通过对不同漏洞特征的学习，修复存在的漏洞，并尽量避免下次再犯同样的错误。但是，由于软件供应商的知识水平、生产的软件类型和组织架构等不同，不同层次的软件供应商关注的漏洞特征也存在差异，本书探讨软件供应商从漏洞特征中的学习机制，帮助软件研发社群以低学习成本获取高质量的软件产品。

信息技术在高速发展，软件漏洞数量也急剧上升，软件供应商为了提高产品质量，学会从自身产品的漏洞信息中进行学习，并修复出现的漏洞就显得非常重要。当软件供应商从漏洞数据库中获取了外部对其自身软件漏洞缺陷的数据后，供应商会尝试努力理解这些漏洞的特征，并进行改进，通过这样的努力，供应商能够获得有价值的知识来开发更安全的软件，以避免再次犯类似的错误，增加不必要的损失。然而，由于资源和时间的有限，供应商对漏洞数据库中的所有漏洞全面地进行学习来提升软件质量并不现实。而通过已经发现的关键漏洞特征学习，分别指导软件供应商的研发社群的学习路径，对软件供应商具有积极的现实意义。

软件供应商在软件质量水平上存在着差异，因此，处于不同质量水平的软件供应商在改进自身软件质量的过程中，需要重点关注的漏洞特征也存在着或大或小的差异。处于较高层次的软件供应商软件产品质量较好，而该类型的软件供应商的知识水平相对较高，企业资金、人力资源等较为丰富，软件和硬件实力都较强。当软件产品被披露出漏洞时，企业往往能集中资源迅速地开发补丁来修复漏洞，并且仍有余力将企业过去遗留下来的还未解决的棘手漏洞加以修复。高质量的软件供应商更加关注如何解决现有软件漏洞，而希望把漏洞水平降到最低以保证软件产品质量。相对而言，较低质量水平的软件供应商的知识水平也较低，资金、人力资源较为稀缺，软硬件实力都较弱。当软件产品被披露出软件漏洞时，低软件质量水平的软件供应商一般需要花费较长的时间和较大的成本来开发新补丁。从长期来看，这类公司积累下来的尚未解决的漏洞会越来越多。因此，较低质量水平的软件供应商更倾向于关注引起自身漏洞水平过高的漏洞特征，而这些漏洞特征会严重影响公司的声誉，制约公司的生存和发展。如果软件供应商能够透过软件漏洞信息，从而更准确地识别自身的软件质量水平，这对软件供应商快速且高效地改善自身软件质量水平具有很大的现实意义。

本书有助于帮助软件供应商发现影响自身软件质量水平的关键漏洞特征，以迅速提升软件质量。如今，随着 IT 产业的高速发展，软件漏洞披露数量也在急剧上升中，然而由于漏洞带来的损失也越来越大，供应商为了改善产品质量，也会从软件产品的漏洞信息中学习，进而寻求修复漏洞的解决办法。当软件供应商从外部漏洞数据库中获得软件漏洞缺陷的相关数据后，就会尝试去理解这些漏洞特征，并希望从中找出能够帮助改进产品质量的途径。通过这些努力，软件供应商能够获得更多有价值的信息以开发更具有安全保障的软件，从而避免未来再犯同样的错误和产生不必要的损失。但是，由于资源和时间的有限性，软件供应商并不能够对公开的漏洞数据库中的所有漏洞特征进行完整和系统学习。本书通过寻找影响软件漏洞总数的关键漏洞特征，以指导软件供应商应优先从哪个漏洞特征开始学习，集中精力解决最紧迫且重要的漏洞。

一般来说，软件供应商应通过对漏洞特征的学习，使自己的学习状态向更高水平转移或是在保持当前学习状态的同时尽量不向更低水平转移。但是，由于软件供应商自身资金、人力资源等方面的限制，同样，软件供应商不能重点关注所有的软件漏洞特征。那么，要有效地提高软件供应商自身的学习能力，则需要将较多的精力放在对当前学习状态的转移有关键影响的漏洞特征上。处在不同知识水平的软件供应商或不同的研发社群，他们应该重点关注哪些影响自身学习状态转移的关键漏洞特征或影响因素的学习就显得十分关键。供应商通过对这些因素进行针对性地学习，从而提升自身学习能力，以提高迅速解决漏洞问题的能力，进而得以提高软件产品质量，并避免产生更大的经济损失。本书探讨软件供应商的软件质量与漏洞错误的关系可以让研发企业更好地了解自身的知识水平，并更加清楚在不同的时期该如何分配有限的精力，从而更合理地利用现有资源实现快速改善软件产品质量的目的。

1.4 本 书 结 构

软件产品的快速扩散，带来了使用的安全问题，可能导致用户受到损失，而如何规避同类型的漏洞错误，能否从组织学习的视角减少软件漏洞缺陷成为本书的重点内容。虽然，各国为了减少软件漏洞，构建了安全漏洞数据库来发布软件产品的漏洞信息，促进各软件供应商改善软件质量，但是如何从过去出现错误的学习视角来提升软件产品质量的研究并不多见，多数是从技术视角来发现或减少漏洞的产生。本书不讨论软件漏洞产生的技术问题，而从已经发现的漏洞信息出发，帮助企业如何规避同类错误的出现；帮助企业如何选择或优化软件过程，促进研发质量的创新；拓展中国国家安全漏洞数据与传统软件过程的裁剪应用。本书共9章。

第1章　绪论。

第2章　文献综述。主要阐述软件质量改进的理论和方法，研究成果与盲点，软件研发投入、智力资本与企业绩效的关系，及对前人研究的评论与对本研究的启示。

第3章　研究设计。针对研究内容与问题，如何开展研究，包括理论研究模型与理论假设，数据收集方法。

第4章　软件漏洞学习与质量改进。软件供应商的软件质量是动态变化的过程，这是由于软件开发的复杂性所决定的，而不同层次的供应商的质量稳定性受到哪些漏洞特征的影响是本章的研究内容。

第5章　软件漏洞学习与风险。软件供应商可以按学习效果分类，也可以按软件产品研发社群分类，不同的分类方法对研发软件的产品质量和风险影响不同。

第6章　基于软件安全漏洞学习的投入与绩效。软件研发需要大量的投入，研发投入对企业绩效会带来一定的影响，而企业的智力资本如何影响绩效，它是否具有中介效应，同时，软件社群的学习能力是否调节研发投入与软件供应商的绩效需要进行实证检验。

第7章　软件过程优化及质量改进。理论来源于实践，同时也指导实践，通过案例企业的软件研发数据，探讨软件安全漏洞的产生原因，安全漏洞产生与软件错误发现的阶段，提出如何通过软件过程来减少这些安全漏洞，对改善软件质量的效果进行评价。

第8章　研发员工社会网络案例分析。以某软件公司项目为例，通过构建软件员工社会网络，寻找员工创新网络优化机制，促进员工知识分享与创造力的改善。针对研发团队及员工研发网络呈现出新特点，通过制度安排促成创新网络的形成。

第 9 章　总结及展望。

第 2 章
文 献 综 述

信息技术大量的使用为经济增长带来了机遇的同时也带来了风险，如何应用研发过程模型实现创新质量，学者们从不同的视角进行了大量研究，同时获得了众多的研究成果。然而，软件质量的改进是一个非常复杂的系统工程，软件漏洞不可能被完全消灭，因此，学者们从技术和管理的不同视角进行探索，以促进软件质量的改进。本章通过多个视角总结前人的研究，挖掘软件质量改善机会及降低软件风险可能的路径和方法。

2.1　软件质量改进

近年来，软件质量改进成为学者们的研究热点，有不少关于软件质量改进的文献研究。传统较为成熟的改进软件质量的方法有能力成熟度模型集成（Capability Maturity Model Integration，CMMI）、不同类型的软件开发模型及软件测试方法等。

如何提升软件质量，学者们就传统能力成熟度模型集成（CMMI）及表现软件过程改进（Software Process Improvement，SPI）的方法进行了探讨，他们利用竞争价值评估工具来分析软件开发业务单元对组织文化的影响（Sune and Nielsen，2013），把评估工具作为过程模型，如能力成熟度模型集成（CMMI）技术，它以案例的形式描绘了一个以结果为导向、正式结构化的组织，并通过 SPI 提供了解处理软件公司面临问题的方法，而软件过程改进的前后比较是最常用的软件过程的改进方法，其中软件质量和成本则是最常被测量的重要属性（Unterkalmsteiner，Gorschek and Islam，2012）。

一些学者就软件质量改进的 SPL 方法，统计过程控制（SPC）方法及软件改善小组（SIG）方法也进行了相应地探讨。他们提出了一个面向 SPL 的方法，该方法允许建模者在统一的框架里抓住特征、目标和情境，以及当考虑不良相互作用时利益相关者的需求和权衡分析模式（Mussbacher，Araújo and Moreira et al.，2012）。另外有学者探讨了统计过程控制（SPC）在软件行业的调查结果，重点了解 SPC 在软件行业成功实施的关键成功因素，结果发现：首先，管理层的承诺和参与是成功的最关键因素；其次，是控制图的选择（Evans and Mahanti，2012）；在软件行业中 SPC 的应用，如使用控制图的技术应用到定量管理项目中，保证软件产品符合既定的质量和过程性能目标，并突出采用 Q 图技术作为克服 SPC 需要大数据的缺陷（Chang and Tong，2013）。为了使软件具有可维护性，学者们提出了一个通过 SIG 为代码分析和质量咨询改进软件质量的方法（Baggen，Correia，Schill and Visser，2012）；通过 SIG 质量模型检验源代码的可维护性和解决问题的速度具有正相关关系（Bijlsma，Ferreira，Luijten and Visser et al.，2012）。

近年来，这些学者的研究表明，在软件行业通过对软件成熟度及软件过程改进方法的研究确实对提升软件质量有明显的帮助。不少文献也对软件测试提升软件质量进行了研究。学者们认为软件缺陷检测的目的是为了提高软件系统的质量。但由于缺乏大量的训练数据，以及学习无缺陷模块得到不平衡的问题，学者们提出了一种新的半监督学习方法，利用丰富的无标签样本来提高检测的准确性，并在学习过程中采用下采样处理类的方法，解决不平衡问题（Jiang，Li and Zhou et al.，2011）。另一些学者在文献回顾的基础上提出了一个方法来探测运行二进制代码时产生的间接内存损坏漏洞（IMCE），并通过感染分析，用高等级的政策执行来阻止 IMCE 漏洞（Liu，Zhang，Wu and Chen et al.，2013）。有效的软件检测可以帮助软件供应商快速定位存在缺陷的位置，使供应商可以快速地修复软件错误以提升软件质量。

此外，还有不少学者就开发过程中通过开发项目的控制来改善软件质量。学者们通过对 IT 软件项目质量影响的风险估计，发现大部分的风险来源于公司的软件质量（Ezamly and Hussin，2011）；软件项目依赖于经验的过程控制，开发者和项目经理需要定期检查软件质量状况（Li，Stalhane，Conradi and Kristiansen，2012）。研究表明，简单的面向目标的变化或对项目缺陷跟踪系统的使用，使现有研发数据的扩展，为开发者提供宝贵和及时的信息，并提高软件公司的软件质量，学者们为软件工程师改善软件过程和产品质量提供了维护的工具，并提供了当过程和产品质量失控时，应该采取什么样的措施来补救（Schneidewind et al.，2011）。2010年，学者们提出了一种新颖的基于搜索的多个软件项目库的软件质量模型（Liu，Khoshgoftaar and Seliya，2010），他们认为在训练过程中加入额外的软件项目可以提供一个跨项目角度对软件质量的建模和预测，得到的基于搜索的软件质量模型要低于非基于搜索模型。

在软件评估方面，有学者探讨了总体观测的性能指标与表现度量，估算方法和激励供应商之间的关系，分析结果表明，软件从业人员必须从供应商的表现中引导客户，这样可以收到更好的效果（Symons，2010）；如果将 MCDA‐C 作为软件过程改善与评估的构建方法，使可视化根据决策者的价值来考虑的标准成为可能，也使对特定组织需求下进行行为排序成为可能（Ensslin et al.，2012）；另外也有一些学者从软件项目性能和可靠性的角度，分析了中间元模型的概念，提出建模和分析方面的差异，这有助于使用模型分析软件质量属性并创造出软件质量的改善空间（Isa，Zaki and Jawawi，2013）。

针对一些软件项目，学者们从风险管理、软件生命周期及六西格玛理论在软件开发中的应用对软件质量进行了探讨。其中风险责任和发布补丁对减轻客户风险具有一定的作用，两种方法都能有效地提高安全质量，增加社会盈余；异质性损失被确定为责任机制影响的关键因素，而补丁的发布在考虑开发成本的情况下依然是有益的（Kim，Chen and Mukhopadhyay，2012）；另外有学者提出了一个方法框架，框架涉及安全区管理错误，安全工程实践和软件开发生命周期发展与软件安全，在框架内使用规划、原则定义、确定责任、标准及处理目标、风险评估、安全涉及、制定安全要求和集成技术来解决安全问题，并分析通用软件行业层次结构和软件开发层次结构的整合模式（Acharyulu and Seetharamaiah，2012）；一些学者从整体产品生命周期方法及产出中验证影响安全导向的软件开发的因素，发现早期的软件安全生命周期开发对于软件安全的重要性（Sams，2012）；而另外一些学者把六西格玛理论成功应用在软件企业的过程改进中（Kumari，2011）。

　　许多文献认为六西格玛可以为软件公司带来巨大的收益，它的理论确实也可以帮助软件供应商提升软件质量，有学者在 2016 年提出的精益六西格玛模型可以更加准确地从用户描述中识别用户的真正需求，在一定程度上能够从根本上减少软件漏洞的产生，在较大程度上可以帮助软件研发社群改善软件质量（ArunKumar and Dillibabu，2016）。这些实践对改善软件项目有非常重要的事实意义。

2.2　软件漏洞研究

2.2.1　软件漏洞分类

　　软件供应商要提升产品质量，需要减少软件出现的漏洞数量，而软件漏洞的形式非常多，产生的机理也不尽相同，因此，对软件漏洞进行分类研究是我们通过对漏洞学习改善质量的关键。

　　漏洞信息中包含了丰富的漏洞特征，对漏洞特征进行分类有助于把握每一类型漏洞的共性，因此，分类是全面分析漏洞数据的基础。出于不同的研究目的，学者们提出了不同的漏洞分类方法。徐良华、史洪和朱鲁华（2006）综合比较了经典的 19 种漏洞特征分类方案，对每种分类技术的背景、目的、贡献和不足都做了综述。鲁伊莎和曾庆凯（2008）对 7 种漏洞特征分类方案进行了更多维度的比较，包括分类对象、目的、标准、规则、特点与不足。黄明和曾庆凯（2010）通过大量的文献回顾，把以往文献的分类技术归纳为基于成因、威胁、影响、攻击、修复位置这 5 种属性类型。除此以外，也有学者针对特殊的应用环境，提出具有特色的分类方法，他们引入生命周期概念讨论漏洞，在引入、破坏、修复三个阶段对漏洞进行分类（Du and Mathur，1997）。刘嫔、唐朝京和张森强（2004）讨论安全漏洞在网络中被攻击的情况，按照出错的网络协议对漏洞进行分类。李淼和吴世忠（2006）基于研发人员漏洞检测的需要，按照软件开发过程的分析、设计、实现、配置、维护阶段对漏洞进行分类。

本章关注国内外主流的公共漏洞库主要采用的漏洞特征分类方案，包括成因特征、利用特征、威胁特征和影响特征。基于 UNIX 系统，学者们提出成因特征的分类方案，认为软件代码错误和系统配置错误是漏洞形成的两大类原因（Aslam et al.，1996）。学者们对成因特征的分类进行了改进，在原来的基础上把漏洞产生的位置和影响纳入考虑中，有助于软件开发过程的实际应用（Jiwnani and Zelkowitz，2004）。根据漏洞利用的位置及难易程度提出利用特征的分类方案（Longstaff，1997）；一些学者关注漏洞被攻击时对系统可用性、完整性、保密性等可能产生的威胁，提出威胁特征的分类方案（Power et al.，1996）；另外一些学者基于安全防护的角度提出影响特征的分类方案，他们关注漏洞被攻击后产生的影响，有助于及时做出响应（Aslam，Krsul and Spafford，1998）。以上分类方案都有各自的优势，但都存在分类多义性的问题，分类结果也可能随着时间或使用环境的改变而改变。

常见缺陷列表（Common Weakness Enumeration，CWE）是一个在国际范围内免费使用的安全漏洞类词典，由 MITRE 公司提出。CWE 提供了一个标准化的、可测量的漏洞分类及编目方法，可以统一描述、度量软件过程中产生的漏洞，有助于在代码或操作系统中发现、识别这些漏洞以及更好地根据架构和设计理解和管理漏洞。CWE 的分类机制是将现实存在的大量漏洞的细节特征尽可能地抽象化，根据用户使用需求由一般到具体提出三个层级的分类层次，以应用于各种软件使用情景。因此，采用 CWE 列表作为漏洞分类的标准有一定的权威性和普适性，实际上很多主流漏洞库都应用 CWE 列表，在漏洞数据库中，每个单独的 CWE 代表了一种漏洞类型，所有的 CWE 都统一在一个多级抽象的层级结构中。

本章将国内外流行的公共漏洞库对漏洞特征的分类情况整理如表 2 – 1
所示。

表 2 – 1 公共漏洞库漏洞特征分类情况

漏洞库	成因特征	利用特征	威胁特征	影响特征	CWE
美国国家漏洞数据库（NVD）[1]	√	√		√	√
安全焦点（Security Focus）[2]	√	√			√
开源漏洞数据库（OSVDB）[3]		√		√	
塞西尼亚（Secunia）[4]		√		√	
中国国家信息安全漏洞度（CNNVD）[5]	√	√			√
国家信息安全漏洞共享平台（CNVD）[6]	√	√	√		

由此可见，国内外主流的公共漏洞库在有明确划分体系支撑下，主要
采用漏洞成因特征、利用特征和 CWE 分类规则对漏洞特征进行描述。利
用特征的实际应用十分困难，例如，寻找漏洞利用的位置需要分析软件开
发阶段的文档信息，而对于不同的软件而言，漏洞入口的概念很不一致，
难以作出统一的描述。另外漏洞利用的难易程度也会随着科技的进步而有
所改变，在不同时期内会有不同的判断。

2.2.2 软件漏洞数据库

当今世界主流的信息安全漏洞数据库有明确划分体系支撑，主要采用
CWE 分类规则以及泰穆尔—阿斯拉姆（Taimur Aslam）在 UNIX 操作系统下的
分类方案，这些漏洞数据库主要以美国国家安全漏洞数据库（NVD）和安全
焦点（Security Focus）为代表，中国权威信息安全漏洞数据库也采用基于

---

[1] National Vulnerability Database https：//nvd. nist. gov/.
[2] SecurityFocus http：//www. securityfocus. com/.
[3] The Open Source Vulnerability Database http：//www. osvdb. org/.
[4] Secunia Research https：//secuniaresearch. flexerasoftware. com/.
[5] China National Vulnerability Database of Information Security http：//www. cnnvd. org. cn/.
[6] China National Vulnerability Database http：//www. cnvd. org. cn/.

CWE 的分类与 Taimur Aslam 分类相结合的方案，而国家信息安全漏洞共享平台（CNVD）采用 Taimur Aslam 分类方案。主流的漏洞数据库通常采取按成因对漏洞进行分类，如著名的 Security focus 数据库使用的就是上述的分类方法。

美国普度大学计算机科学学院 COAST 实验室的安全研究人员泰穆尔—阿斯拉姆（Taimur Aslam）通过分析 UNIX 系统下的软件漏洞，归纳出有两种漏洞产生的原因：一是编码过程中产生的错误；二是安装和管理软件时系统配置产生的错误。在对这两种不同情况下的具体情形进行分析，可以得到软件漏洞更详细的分类，分类情况如图 2-1 所示。

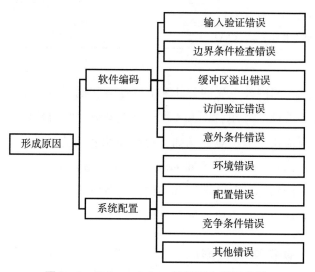

图 2-1　Taimur Aslam 软件安全漏洞分类

具体不同漏洞特征的解释如表 2-2 所示。

表 2-2　　　　　　　　　　　漏洞形成原因特征

漏洞特征	漏洞成因
输入验证错误	程序没有正确识别输入错误 模块接受无关的输入数据 模块无法处理空输入域 域值关联错误

续表

漏洞特征	漏洞成因
边界条件检查错误	当一个进程读或写超出有效地址边界的数据 系统资源耗尽 固定结构长度的数据溢出
缓冲区溢出错误	往缓冲区写超出其长度的内容，造成缓冲区的溢出，从而破坏程序的堆栈，使程序转而执行其他指令
访问验证错误	一个对象的调用操作在其访问域之外 一个对象的读写文件和设备操作在其访问域之外 当一个对象接受了另一个未授权对象的输入
意外条件错误	系统未能正确处理由功能模块、设备或用户输入造成的异常条件
环境错误	在特定的环境中模块之间的交互造成的错误 一个程序在特定的机器或特定的配置下将出现错误
配置错误	系统以不正确的设置参数进行安装 系统被安装在不正确的地方或位置
竞争条件错误	两个操作在一个时间串口中发生造成的错误
其他错误	不属于以上错误的其他错误

CWE（Common Weakness Enumeration）常见缺陷列表由 MITRE 公司提出，它是一个在国际范围内公共免费使用的安全漏洞词典，CWE 提供了一个统一的、可测量的软件缺陷集合，以帮助更高效研究、描述、选择和使用软件的安全工具和服务，并可以在源代码或操作系统中找到这些缺陷以及更好地根据架构和设计来理解和管理缺陷。目前，不少信息安全数据库采用了 CWE 作为漏洞分类的标准，如美国国家安全漏洞数据库（NVD），中国国家信息安全漏洞库（CNNVD）。在数据库中，每个单独的 CWE 代表了一种漏洞类型，所有的 CWE 都统一在一个多级抽象的层级结构中。NVD 与 CNNVD 使用的漏洞类型来自不同的层级。具体如图 2 - 2 所示。

可以从图 2 - 2 中看出，NVD 与 CNNVD 使用的漏洞分类并没有统一在一个相同的抽象层级上，另外，由于这种抽象层级的特点，按漏洞的成因对漏洞分类往往是很困难的，漏洞并不能通过 CWE 常见缺陷列表进行互斥划分，在不同的层次研究漏洞，会对相同漏洞产生不同的分类，例如，跨站脚本错误可以抽象为注入错误，进一步在更高层次还可以抽象为输入验证错误与数据处理错误。

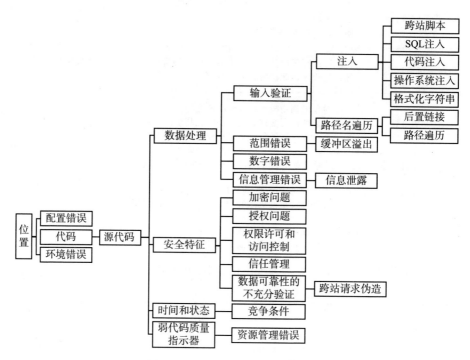

图 2 - 2　CWE 软件安全漏洞分类

2.3　组织学习

2.3.1　组织学习与绩效

许多学者研究并证实了组织学习对产品质量的重要影响。面对当今激烈的竞争局面，企业必须要通过组织学习的气氛来提高员工的知识分享，以实现最佳绩效。学者们探讨了组织的学习氛围与企业绩效的关系，经过统计分析发现，组织的学习氛围与企业绩效呈正相关关系（Budihardjo，2013）；一些学者通过对相关文献的综述，发现学习能力和组织绩效二者呈正相关关系（Goh，Elliott and Quon，2012）；另外一些学者也发现组织学习能力作为组织的重要因素，可直接影响公司员工的行为和态度，进而促进公司的组织绩效（Nafei，Kaifi and Khanfar，2012）；学者们认为现实中组织学习具有三个维度：个人学习，团队学习及组织学习，研究发现组织学习对团队绩效有最大的正向影响作用（Dayaram and Fung，2011）；组织的生产效率取决于企业工作人员，如果员工无法从工作中感到满意，则组织是不可能良好地经营下去，而其中组织学习能力是影响员工对工作满意度的关键因素，研究发现组织学习能力与员工工作满意度之间存在较为积极的影响（Ebrahimian and Ebrahimian，2012）；另外一些学者基于组织设计管理的动态学习能力分析了在中小型企业中组织学习能力对产品创新绩效的中介作用，发现组织学习能力对产品的创新有正向影响作用（Fernández，Alegre‐Vidal and Chiva‐Gómez，2013）。

很多学者对企业知识水平和企业绩效的关系进行了探讨，发现知识的整合能力对企业组织绩效具有正向影响。学者们在研究中将企业当作知识整合体，通过一些知识能力，如通过学习文化、知识管理的过程，把知识传递到产品中，研究结论发现，组织行为对组织绩效的影响受到了知识整合能力的中介作用（Kim and Song，2012）；针对市场导向、学习导向和经济与非经济的非营利组织绩效的相互影响关系的研究，人们发现学习导向和非营利组织绩效之间具有显著的正相关关系，由此我们可以比较好地解释学习导向增强组织绩效的作用（Mohammed and Yusif，2012）；而知识存量与公司经营绩效的研究发现组织学习能提高知识存量，并且对企业绩效有正向影响作用（Cheng‐Yu and Yen‐Chih，2012）。由此可见，知识存量越丰富的企业将所积累的知识用于创造企业绩效的概率越大。

目前，有很多学者以不同行业作为对象，研究了组织学习与产品质量之间的关系。在餐饮消费品行业中，学者们用亚洲食品行业的实际案例，分析了知识管理、组织学习和组织绩效的关系，结果发现知识管理和组织学习对组织绩效有正相关关系（Huang，Jenatabadi，Kheirollahpour and Radu，2014）；另外一些学者以台湾连锁餐厅为研究案例，运用动态能力框架探讨了知识资源、学习机制和组织绩效的关系，发现知识资源和学习机制对员工的绩效有显著的正向影响（Shih – Yi and Ching – Han，2012）；而印尼学者以印尼食品和饮料行业为例，探讨了文化、学习氛围对组织绩效的影响关系，研究表明组织文化显著地影响公司竞争战略，组织学习同样如此，但其对组织绩效影响不显著，而竞争战略对组织绩效有显著影响（Wanto and Suryasaputra，2012）。

以知识密集型企业为研究对象的文献也得到了类似的观点，学者调查了台湾IT/电子行业公司的学习方向、创新资本和企业绩效之间的关系，发现学习态度、共同愿景和知识分享都对创新绩效有积极的作用，创新绩效对组织绩效也有积极的影响作用（Chiou and Chen，2012）；组织学习有助于创新能力的提升，创新与企业绩效呈现出正向相关关系（Salimt and Sulaiman，2011）；学者对某电子产业科技公司研究发现，拥有良好的人力资源管理、更好的组织学习、优秀的组织创新以及知识管理能力会有助于组织绩效的实现（Kuo，2011）。组织学习可以提高组织创新和知识管理的能力，组织创新成果的发展有助于建立知识体系，从而提升组织的绩效。另外一些学者对西班牙企业的不同水平的学习组织创新绩效影响研究发现，共同愿景、积极性及组织学习对组织创新有很重要的影响（Morales，Barrionuevo and Montes，2011）；软件公司的组织团体层面的学习是一种改善公司知识流的重要方法，在软件开发企业中组织学习有助于通过创造来提升经营能力（Hawass，2010）；六西格玛理论对提升公司组织学习能力的影响研究发现，六西格玛对组织学习具有重要作用（Malik and Blumenfeld，2012）。可见，无论是理论还是具体到某行业的分析中，组织学习都与组织绩效呈正相关关系。

2.3.2 软件研发社群学习行为

研发社群的学习行为是学习成本和用户损失成本的权衡，而漏洞披露机制能够起到调节的作用。有学者提出一个模型描述研发社群对漏洞披露的响应行为，该模型着重分析了社会成本和研发社群成本，其中，社会成本是指黑客对漏洞进行攻击进而对用户造成的损失；而研发社群成本是指开发补丁的成本以及由于产品不被信任导致研发社群名誉或经济上的损失，后者即研发社群的内部化成本（Arora，Telang and Xu，2010）。在模型中，漏洞披露政策作为社会协调作用，可影响研发社群开发补丁的时间。因此，通过最优化漏洞披露时间可以调节研发社群开发补丁行为，从而降低社会成本。然而对于研发社群而言，对开发补丁时间的决定取决于对这些成本的权衡。因此，如果大部分用户损失的社会成本能够转化为研发社群的内部化成本，而漏洞披露能够显著影响这种转化作用，研发社群对漏洞披露的响应就会十分敏感。也就是说，漏洞披露会促进研发社群积极学习，快速发布补丁。采用决策模型讨论漏洞披露机制对研发社群发布补丁行为的影响发现，尽管每一种披露机制都能促进研发社群发布补丁，但早期的披露不意味着更好的促进效果，因为补丁发布得过早也有可能带来再次开发的需要，从而增大了开发补丁的成本（Cavusoglu and Raghunathan，2007）。所以研发社群的学习行为会衡量补丁开发成本与用户损失成本。

也有学者研究了漏洞严重性对研发社群学习行为的影响。他们发现由于攻击行为可能有特定的目的，研发社群对不同危害等级的漏洞攻击会做出不同的响应，并有不同的学习行为（Kannan，Rees and Sridhar，2007）；而对于危害等级更高的漏洞，研发社群会花费更多的学习成本（Png and Wang，2008）。

其他学者也研究了研发社群学习行为的互相影响机制。其中，针对多个研发社群在漏洞学习上的竞争行为以及漏洞披露机制对这种竞争行为的影响。当有些研发社群较早地被披露漏洞并发布补丁后，其研发社群的补丁发布时间会受到影响，而这种漏洞披露的威胁会显著地减少补丁开发的时间（Arora，Telang and Xu，2008）；在研究中也通过比较多个研发社群的补丁发布情况，得出研发社群学习行为会互相影响的结论（Cavusoglu and Raghunathan，2007）。

许多学者在组织层面探究学习行为对学习成果的关键影响因素。他们通过实证分析证明组织的学习氛围与企业绩效呈正相关关系（Budihardjo，2014）；学习能力与组织绩效呈正相关关系（Goh，Elliott and Quon，2012）；一些学者还发现组织学习能力可通过直接影响员工的行为和态度，进而影响公司的组织绩效（Nafei, Kaifi and Khanfar, 2012）；组织中个人学习、团队学习及组织学习对绩效的影响不同，其中，组织学习对绩效的正向影响程度最大（Dayaram and Fung, 2012）；而组织学习能力是影响工作满意度的关键因素，组织的生产效率又取决于员工的工作满意度（Jolodar, 2012）；组织的学习能力对产品的创新绩效也具有正向影响（Fernández - Mesa，Alegre - Vidal，Chiva - Gómez and Gutiérrez - Gracia, 2013）；以学习导向与非营利组织绩效存在显著正相关的关系，解释了学习导向具有增强组织绩效的作用（Mo-hammed and Yusif, 2012）；组织学习能够提高知识存量，并且对企业绩效有正向影响（Lee and Huang, 2012）；组织团体层面的学习是改善公司知识流的重要方法之一，在软件研发团队的组织学习有助于通过创造来提升公司经营能力。

2.4　软件研发投入与绩效

研发投入是企业获得持续竞争力的关键，而研发投入能否为企业带来绩效已有大量研究，但其结论存在争议，一些学者认为行业、环境与控制因素等不同导致研发投入对收益的影响不同（贾明琪、张宇璐，2017），而作为软件行业，新产品的开发需要一定的研发投入与智力资本的推动，同时研发团队应该具有较强的自学习能力，这种学习能力可以减少或规避以前产品出现的错误，提升软件质量，最终使企业获得投入回报。现有文献一方面认为创新/组织学习对企业绩效有直接作用；另一方面认为创新/组织学习是企业的非资产性资源，只能通过作用于中介变量而间接作用于企业绩效（Day, 1994）。

当今国际上越来越多的知名机构还有国际组织对智力资本的理论与实践产生了浓厚的兴趣，他们围绕这一论题，在众多领域展开了研究与实践，然而，从整体上说，智力资本的研究仍是一个新兴领域，其研究具有很强的理论及实践创新空间，在知识经济时代，知识型企业真正需要的是进行基于智力资本的企业管理与创新，在对智力资本的有效识别与测量的同时，需要对智力资本通过何种路径实现企业绩效的理论进行探索，帮助知识密集型企业利用无形资产的高效转换来实现价值创造。

2.4.1　研发投入与绩效

研发投入对企业绩效影响的研究结论不一致，有研究认为企业研发投入与绩效正相关，能为企业带来绩效，有部分学者认为是负相关或不相关。学者王素莲和阮复宽（2015）利用 517 家上市公司样本数据进行研究发现，研发投入对企业绩效有显著影响，企业承担风险偏好越强，研发投入对企业绩效的正相关效应越明显；王晓婷（2015）通过 2010 ~ 2012 年披露研发投入的 91 家中小板高新技术企业数据进行分析，发现研发投入强度与企业的盈利能力及市场价值显著正相关，且研发投入产出没有滞后性；有学者在分析中国大中型制造企业后发现，研发投入强度与企业绩效呈正相关，且研发投入更多存在于规模较大的资本密集型企业中（Gary，Jefferson，Huamao and Xiaojing，2006）。

学者们实证发现每增加 1 元研发投入在未来 7 年将带来 2 元盈余及 5 元市场价值增加，企业研发投入与企业绩效显著正相关，但具有明显的滞后性（Sougiannis，1994），戴小勇和成立为（2013）通过中国工业企业数据研究发现，研发投入与企业绩效存在非线性关系，当研发投入强度达到第一门槛值时才与企业绩效显著正相关；强度超过第二门槛值时，该作用变得不再显著。

研发投入与绩效非相关的研究也有一些报道，如陆玉梅和王春梅（2011）以 99 家制造业信息技术企业为研究样本，发现当年 R&D 投入与上市公司经营绩效之间存在负相关关系，R&D 投入对上市公司经营绩效存在滞后性；陈建丽、孟令杰和王琴（2015）以计算机、通信及电子设备制造业 2009 ~ 2013 年数据为样本数据进行研究发现，研发强度对当期企业绩效有显著负面影响，研发强度对企业绩效影响滞后一期；而对世界上最大的 150 家制造业企业进行研究，发现研发投入与企业绩效相关性不显著（Bottazzi，Dosi，Lippi，Pammolli and Riccaboni，2001）。

根据熊彼特的技术创新理论，企业经济增长的主要因素是技术创新，而技术创新的前提是研发投入，研发投入可提升产品技术含量和产品质量，同时创造更多的新产品来获得组织的绩效，研发是智力资本有创造性的劳动。如果研发投入与企业绩效不相关或负影响，企业不可能有持续研发投入的动力，企业的创新就会停滞不前，因此，基于企业资源理论，研发资源是企业非常重要的资源，研发资源的有效投入才能实现企业价值的转换。由此，我们可以认为研发投入与绩效存在中介，通过中介来获得组织的价值创造。只讨论直接的财务投入，而不挖掘研发投入的目标与客户对产品的需求，必然导致研发与绩效的悖论出现。

2.4.2　智力资本与绩效

在当今知识经济时代中，创造企业竞争优势的核心与关键资源已不再是有形资产，以知识为基础的无形资产往往比有形资产更具价值，此类知识性资产大多在当前会计准则规定中尚无法客观衡量标准，但常被用来解释公司账面价值与市场价值产生差异的原因（Edvinsson，Malone，1997），被认为是为企业创造价值的主要来源，对经营绩效表现也具有一定贡献，此类知识性无形资产通常被称为智力资本。智力资本这个概念可以追溯到1969 年加尔布雷思（Galbraith）给《经济学人》主编的信件中，他认为智力资本是运用智力的行为，而不是单纯的知识或者智力（Bontis，1998）。但很长一段时间里，智力资本自动地被当作无形资产的代名词。在 20 世纪 80 年代早期，无形资产的一般概念开始被广泛注意到，无形资产的发现伴随着大规模的有关智力资本研究的开始。80 年代中期，学者通过对多家公司的研究，考察了信息时代下账面价值与市场价值之间的差距（Bontis，2001）。然而直到 80 年代后期，才有专家和学者们构建了智力资本的测量模型。90 年代，许多相关的模型被构建出来，用于评估和报告公司智力资本存量。尽管智力资本的想法在文学中被广泛应用，但直到 90 年代后期才被接受，因为到 90 年代中期以来，相关研究绝大多数是描述性的，并没有将智力资本与组织背景相联系（Bontis，1998）。到 90 年代后期，智力资本才成为一个热门话题，并不断地在许多相关会议中讨论。

智力资本的重要性在过去的二三十年间被广泛地受到重视。一些学者认为传统的会计手段不足以准确衡量"知识型社会"中公司的实际价值，评估智力资本对于评估公司自身实际价值至关重要（Handy，1989；Stewart and Ruckdeschel，1998）。富有竞争力的公司越来越意识到智力资本的重要性。有学者评估和计算了无形资产，然后将这些价值与财务指标相联系（Lev and Sougiannis，1996），并确定了公司所谓的"隐藏价值"，建立了智力资本管理模型（Edvinsson and Malone，1997），学者们受到关于外部资本的概念启发，将这些无形资产重新定义为智力资本（Sveiby，1994）。埃德温松等（Edvinsson et al.，1997）在 1997 年将其定义为用于创造价值的知识资源或资产。因此，智力资本作为知识、信息、经验和技能产生的竞争优势被人们关注和研究（Stewart and Ruckdeschel，1998）。

斯图尔特（Stewart，1997）指出智力资本是知识资源，包括知识、知识产权、信息和可以创造财富的经验。斯图尔特将智力资本分成四个部分：结构性资本—它是能够嵌入公司的 IT；人力资本—与员工在技能、知识和经验方面有关的任何事项，员工是组织中最重要的资产；知识产权—包括商标、计划和所有专利；客户资本—它是关于捕获和留住客户的所有市场信息。也有学者将智力资本的测量分为三个维度：人力资本、结构性资本和关系资本，其中人力资本代表其员工所代表的组织知识库，他认为人力资本是创新和战略更新的基础。结构性资本包括为组织创造价值并且与人无关的所有知识存量，例如，流程、手册、数据库、策略、例程和组织图。关系资本包括与客户、供应商、竞争对手、行业协会和政府等重要利益相关者的各种组织关系的知识，关系资本是在公司业务过程中发展的营销渠道、供应商关系和客户关系中嵌入的知识（Bontis，2000）。学者认为如果组织系统、政策和程序不完善，整体智力资本将无法实现其完整的潜力，而具有较强结构性资本的组织将具有令人鼓舞的文化，让个人能够创新，学习新事物（Bontis，2000）。

学者们认为智力资本是公司员工的能力，他们的经验和专长、创新和创造、组织的系统和计划、其研究与开发、组织知识产权、战略联盟和承诺、内部和外部利益相关者关系和客户等可以加快业务绩效和价值创造的知识，组织投入大量资金用于有效利用和管理这些宝贵的资源（Sharabati and Jawad，2010）。可以看出，智力资本是一个比无形资产更为宽泛和模糊的概念，从最开始被默认为静态的无形资产到现在一个复杂的混合体，没有一个统一的概念，其内涵也随着研究的深入丰富起来。

"知识经济"时代，智力资本正逐步地替代传统经济的土地、资金及机器产房等物资资本，成为最主要的生产要素。即使是两个具有完全相同物资构成的企业，其经营状态可能差别巨大，这是智力资本差异导致的（郭黎、张爱华、乐洋冰，2016）。而对于知识密集型企业，智力资本的作用就显得极为重要，软件研发行业，主要是通过智力资本的运作，以获得不同功能的软件产品来实现价值。智力资本包含三个维度：即人力资本、结构资本和关系资本，其中人力资本是企业绩效的根本来源和驱动力（郭黎、张爱华、乐洋冰，2016）。

针对智力资本如何影响企业创新绩效存在大量研究，其中，高娟和汤湘希（2014）通过文献回顾，系统地对智力资本如何影响组织绩效的作用机制进行了文献归纳，分别梳理了智力资本对组织绩效的直接效应、间接效应和调节效应。多数文献对高科技研发企业的研发投入与智力资本有非常大的关联报告，作为软件企业的研发投入主要是通过人力资本来获得产品的创新，软件产品是智力资本的输出，因此，智力资本对企业绩效具有显著影响。从大量的研究表明智力资本各个维度对组织绩效产生的效应不同，有学者对巴基斯坦电气和电子中小企业的研究发现，顾客资本与结构资本对组织绩效有显著影响，而人力资本对绩效的影响不显著（Khalique，Shaari，Isa and Ageel，2011）；而对印度制药行业研究发现人力资本对企业的盈利能力和生产效率具有显著影响（Kamath，2008）；对美国标准普尔500指数公开上市电子公司的研究结果显示，智力资本及人力资本、结构资本、关系资本和流程资本均与公司市场价值具有显著影响（Wang，2008）；也有学者发现人力资本和结构资本均对组织绩效具有负效应，而研发投入具有积极效应（Chang and Hsieh，2011）；人力资本和结构资本对组织绩效均具有显著效应，而关系资本则具有负效应（原毅军、李宜、高微，2009）。

从现有研究发现智力资本对组织绩效具有积极的效应，但对组织绩效不同层面的影响程度有所差异（高娟、汤湘希，2014）。学者们利用来自新加坡交易所上市的 150 家公司的数据进行行业分群检验，智力资本与公司绩效正相关，公司的智力资本增长率与公司未来绩效也呈正相关关系（Tan，Plowman and Hancock，2007）；另外有学者选取《财富》1991 年评选出的国际化 100 家美国制造企业和服务公司中的 81 家企业进行实证，发现智力资本对美国跨国公司的财务绩效具有积极显著的正向作用，它是跨国公司持续超额利润的主要源泉（Riahi‐Belkaoui，2003）。

基于学者们的研究，我们认为研发投入是产品创新的重要保证，而产品要被人接受并转换成价值，完全来自智力资本的运作，智力资本如果没有被研发投入激活，那么新产品无法在市场实现自身的价值，虽然，智力资本如何影响组织绩效的研究还未形成共识，但软件研发行业一定是知识密集型企业，它离不开知识的学习、迭代、创新和分享，一个软件企业能持续发展与企业拥有知识的载体相关，研发投入是激活这些载体的手段并通过创新获得绩效。

2.4.3 漏洞学习与绩效

组织学习能力是组织内成员通过对知识、信息及时吸收、全面掌握，并对组织作出正确、快速的调整，以利于组织发展的核心能力（Cohen，1990）。组织学习能力被视为在知识经济时代组织所拥有的比竞争对手更快掌握知识的能力、这是企业获得知识的重要渠道（王建军，2016）。从当今的组织学习与绩效的关系研究中发现，组织学习可以提高组织未来的绩效（Fiol，Lyles，1985）。组织学习可导致组织行为的改变以及组织绩效的提升（Slater，Narver，1995）。

软件安全漏洞给软件供应商的软件产品带来不同程度的影响，有学者调查了漏洞公告对软件供应商市场价值的影响，他们发现一个漏洞公告会给供应商带来约 0.6% 的股价跌幅（Telang and Wattal，2007）；软件漏洞的减少有助于网络信息安全的改善，学者和业界对如何改善软件过程来提升软件质量进行了大量的研究并取得了举世瞩目的成果，如 CMMI、ISO

12207 管理模型等，模型通过对软件开发过程规范来促进软件质量的稳定。而针对软件漏洞的发现及规避，学者们提出了许多方法来改善软件质量（Liu，Zhang，Wu and Chen，2013；朱承丞、董利达，2015；唐成华，等，2015）。这些管理过程和检测方法对企业及时发现软件漏洞、减少软件风险具有积极的指导作用。但是对于发布后的软件产品，其软件漏洞的发现、学习与改进是否会强化智力资本并推动组织绩效的提升，相关研究较少见。

2.5　研发过程与质量

为了保证软件研发的质量，自软件危机提出至今 40 多年来，人们陆续提出了各种的开发模型、过程改进模型和方法论来提高软件研发的质量。其中，最著名、最有代表性的分别是 20 世纪 70 年代提出的瀑布模型、20 世纪 90 年代提出的能力成熟度模型集成（Capability Maturity Model Integrated，CMMI），以及 21 世纪开始流行的敏捷方法。

许多学者从软件生命周期理论及六西格玛理论，对如何改善软件产品质量的过程进行了讨论。学者们在研究中提出了一个质量管理方法框架（Acharyulu and Seetharamaiah，2012）；探讨六西格玛理论是如何成功被应用到软件过程改进中的，以及如何为软件公司带来巨大收益（Rafiq，2008；ArunKumar and Dillibabu，2016）。这些文献表明，基于软件生命周期理论和六西格玛理论的质量管理方法确实可以帮助软件研发社群改善软件质量。

2.5.1　软件瀑布模型

由于软件开发的质量问题越迟发现其修复成本呈指数阻尼正弦曲线增长，温斯顿（Winston W. Royce）在 1970 年提出了著名的瀑布模型（waterfall model），专门用于解决 20 世纪 60 年代的边改边写（code-and-fix）编程所带来的问题，尝试通过明确开发阶段和及早固定需求去提高开发质量及降低修复问题的成本。瀑布模型将软件的生命周期划分为需求分析、系统设计、编码和测试四个基本活动，并且规定了它们自上而下、相互衔接的固定次序，如同瀑布流水，逐级下落，如图 2 - 3 所示。

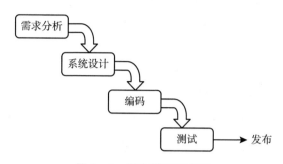

图 2 - 3 瀑布模型示意图

瀑布模型的提出，第一次为软件开发提供了一种工作框架，规范了软件开发人员的工作流程。该模型非常符合软件工程学的分层设计思路，简单的线性方式也很容易被人们所理解。它作为传统软件开发项目管理中使用最广泛的开发模型，至今仍被大量企业采用。

事实上，使用瀑布模型开发的风险很高。一个针对英国 1027 个 IT 项目的失败因素研究中，在范围管理上试图采用瀑布型开发（包括详细的前期需求分析）是导致失败的最大原因。上述调查发现软件项目 82% 都存在需求变化这个重要问题，需求变化是导致 IT 项目失败的关键因素之一（Adrew，2007）。来自美国国防部执行 DOD - STD - 2167 标准（也就是瀑布型及文档驱动标准）的项目失败率抽样调查报告中也得出沉重的结论，在总成本为 370 亿美元的样本集中，有 75% 的项目失败或无法使用（Jarzombek，1999）。在另一项针对 6700 个项目的研究中，发现导致项目失败的 5 个致命因素中有 4 个与瀑布模型有关（Jones，1995）。

该模型的主要缺点有：

（1）基于需求低变的假设。它强调需求的能预见性，要求尽早把需求固定下来，并编写出详细的需求说明书。之后的所有活动都以固定了的需求说明书为基础。

（2）文档驱动。强调文档，详细的文档作为每个阶段衔接的唯一信息，前一阶段的输出作为下一阶段的输入，文档作为界定不同阶段的里程碑。项目的参与人之间的信息交流主要通过文档，不利于直接交流。

（3）"整批单遍走"的开发模式，迟到的集成和用户测试。所有开发的功能全部处于同一个阶段。前一个阶段里所有功能的相关工作完成了，才能进入下一个阶段。由于在所有功能开发完成后才进行用户测试，用户在上线前的最后一个阶段才见到可见的产品，因此较多问题要等到最后阶段才暴露出来，产品风险高。

（4）不欢迎需求变化并把需求变化视作首要避免的因素。因为一旦出现需求变化，意味着把流程又重走一遍。

瀑布模型之所以困难的根本原因是：它需要低变化、低创新、低复杂度的问题。它不适合需求复杂的或创新性的项目。然而大多数软件开发，都不是预见性或批量制造，它属于新产品开发范畴（Craig，2013）。期望及早固定需求并作出详细的计划和准确的估算，难以实现。尤其进入追求创新的互联网时代，需求变化的问题就更显突出。

2.5.2　CMMI 与过程改善

瀑布模型以及后来提出的迭代模型、螺旋模型等开发模型均属于软件生命周期模型（或称软件工程模型），即为软件的开发划分明确的阶段或步骤来提高软件过程及产品的质量。这些模型关注的是软件开发的生命周期而并不是如何引导软件企业进行持续的过程改进，也缺乏监控和评估软件过程质量的具体标准。1989 年有关研究发现导致软件开发出现问题的真正原因是开发过程的混乱（Watts，1989）。以卡内基—梅隆大学的软件工程研究所为代表的软件过程管理流派从规范过程管理的角度对此开始了长期、深入的研究，获得一个软件行业的研发能力评估标准以及帮助企业进行持续的软件过程改进模型，即软件能力成熟度模型 CMM（Capability Maturity Model）。

CMM 的升级版—能力成熟度模型集成 CMMI（Capability Maturity Model Integrated）于 2001 年 12 月发布，是由美国国防部与卡内基梅隆大学软件工程研究院（SEI）和美国国防工业协会在 CMM 模型的基础上共同开发和研制的一种用于过程改进及软件研发能力评价的开发模型集合，能用于指导一个项目、一个部门甚至整个组织的过程及质量改进，其本质是软件管理工程的一部分。它所依据的想法是：在足够的人力物力下构建自动的、持续的过程改进框架，并不断进行管理的实践和过程的改进，就可以克服软件开发中的困难，从总体上改进组织软件过程的质量（沈云凌，2012）。随着计算机软件的逐步普及和发展，CMMI 已被公认为国际上进行软件组织能力成熟度评价和软件组织开展软件过程改进活动时使用最为广泛的软件开发模型，成为衡量软件组织管理软件产品开发能力事实上的工业标准，并为软件公司改善其生产过程提供了重要依据（张晓刚，2003）。

CMMI 把软件组织的成熟度定义成 5 个等级：第一级为初始级，第二级为已管理级，第三级为已定义级，第四级为已定量管理级，第五级为优化管理级，如图 2 - 4 所示。

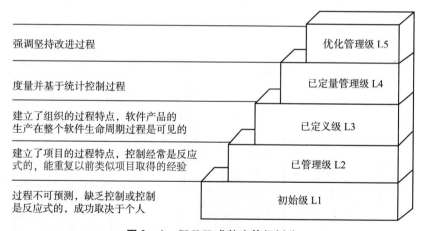

图 2 - 4　CMMI 成熟度等级划分

CMMI 成熟度模型结构如图 2 - 5 所示，每个等级由相应的过程域组成，代表了相应的软件过程能力。每个过程域都有专用目标和共用目标，并通过对应的专用实践和共用实践来实现。

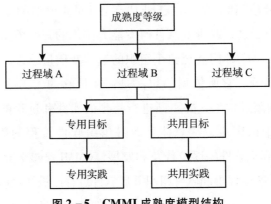

图 2-5　CMMI 成熟度模型结构

在评估时，只有当一个过程域的目标都被实现，才认为这个过程域通过。当某个等级的所有过程域都通过审核时，才能获得该等级的认证。图 2-6 为每个等级的具体过程域。

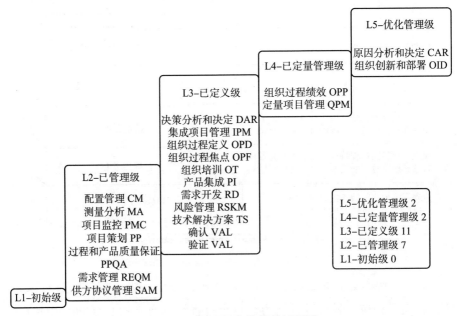

图 2-6　CMMI 各等级的过程域

对于大型、质量要求高的系统而言 CMMI 是比较合适的，CMMI 对于大型系统确实有着极大的优点。然而，在我国企业，尤其是中小型互联网企业，CMMI 的实施和推行效果并不理想。在组织实施时虽然在一定程度上获得了过程改进和质量提升的效果，但也产生了一些负面影响，归纳为 8 个方面：

（1）基于有足够的人力物力的假设前提，企业付出的代价很昂贵；

（2）缺乏灵活性的高复杂度开发方法，不利于项目更灵活有效地开展；

（3）软件文档和记录过多，这与软件规模相比往往超出了合理的比重；

（4）过高的管理和文档工作量引起了项目人员的抵触和排斥；

（5）对需求多变及工期紧张的项目环境适应性差，隐藏的风险大；

（6）重管理多于技术，重过程轻结果。而矛盾的是，软件开发恰恰是以出售技术产品为目的的活动，不是卖管理的活动；

（7）沟通频率低，沟通的效果不佳，项目负责人及项目成员间的沟通不及时，容易引起沟通及进度更新方面的问题；

（8）太多非开发类的管理工作，降低了生产率，导致实际的投资回报率过低。

另外，虽然作为能力成熟度模型和过程改进模型的 CMMI 力图独立于任何的软件生命周期模型，但实际上 CMMI 受到瀑布模型的深远影响，也可以说它是基于传统的瀑布开发模型的过程模型。自 20 世纪 80 年代后期至 90 年代，软件工程研究所 SEI 的能力成熟度模型在封闭的、文档驱动的瀑布模型实践方面，对一些软件工程师产生了影响……早期有关 CMM 论述的基调还是倾向于文档和计划驱动、面向阶段及预见性计划。许多 CMM 认证工程师和咨询人的专业背景都是基于瀑布型的价值观、实践和计划过程（Craig，2013）。CMM 的主要实践经验都来源于瀑布模型的实践经验（邢彬彬、姚郑，2007）。因此，很多实施 CMMI 的企业都以瀑布开发模型作为其（SDLC）中所定义的软件开发模型。我们不难发现，CMMI 与瀑布模型有很多相似点。

2.5.3 敏捷方法

瀑布模型及 CMMI 的一个典型特点在于其计划性。然而根据研究发现，在软件项目及其过程中，不确定性是固有的、必然的（Hadar，1996）。学者们对软件项目的大量研究表明，软件开发是一个富于创造性的、需求高度变化的领域（Craig，2013）。一项超过1000个软件项目失败因素的研究表明，82%的项目中都存在需求变化这个头等问题（Andrew，2000）。

鉴于现代软件研发中需求变化越来越频繁以及基于计划驱动的传统软件过程（主要指瀑布模型及受瀑布模型深远影响的CMMI）对于需求变化的支持乏力，2001年，来自软件开发界的17位思想领袖集中在美国犹他州的一个滑雪胜地，探讨软件开发如何取得成功。此前，他们都各自创立了不同的新方法，如迭代式增量软件开发过程（Scrum），极限编程（XP）和动态开发方法（DSDM）。研讨会期间，他们提出一些强大的共同观点，形成了软件开发如何成功的共有远景，即后来人们熟知的《敏捷宣言》。

相对于以CMMI为代表的"重载"方法，敏捷软件开发方法是一个轻量级的软件方法，它不是一个具体的过程，而是一种以人为核心、迭代、循序渐进的开发方法，它是Scrum、极限编程（XP）、水晶方法（Crystal）、特性驱动开发（FDD）、测试驱动开发（TDD）、自适应软件开发（ASD）和精益开发（看板）等软件开发方法的总称（Henrik，2011）。敏捷方法以另外一种方式来面对变化、拥抱变化，甚至允许在项目开发的后期发生变化，尽管变化会被控制，但是这种态度允许尽可能多的变化。它倡导的实践和原则反映出敏捷性：简单、轻量、沟通、自我管理团队和编程胜过文档等。

《敏捷宣言》主要内容（Beck，2001）：（1）个体和互动胜过流程和工具；（2）可以工作的软件胜过详尽的文档；（3）客户合作胜过合同谈判；（4）响应变化胜过遵循计划。

敏捷方法通常用于需求复杂或需求不确定的软件项目，尤其是其中的中小型项目。在一项对敏捷方法效果的调查中，88%的组织肯定了敏捷方法提高了生产力，84%的组织认为敏捷方法提高了质量，49%的组织声明应用敏捷方法后成本降低，83%的组织声称提高了满意度，26%的组织发现，显著提高了客户的满意度，48%的组织提到的敏捷正面特征为：响应变化，而不是尊崇变化（Shine，2003）。

敏捷方法在适应需求变化，促进客户/开发团队及开发团队成员间持续沟通上有着其他方法不可比拟的优点。但也有其自身的缺点和不足：

（1）敏捷方法的灵活实施容易让管理人员感觉无规范可遵循，无标准及指南来对比管理成效的好坏，不知遵循什么来对管理工作进行改进，总之，会让他们感到束手无策。

（2）对人员的要求比传统方法高。敏捷方法很重视人的作用，尤其是 Scrum 和极限编程的一些实践，对参与人员的技术能力及沟通能力均有较高的要求。

（3）过程可追溯能力及规范性不如 CMMI。敏捷方法提倡的"可以工作的软件胜过详尽的文档"的价值主张，容易令人断章取义，以为不做文档，不讲规范就是敏捷。虽然它的本意是有"足够的文档就够了，而不是不要文档"。但的确，敏捷在文档的规范性和过程的可追溯性方面不如 CMMI（主要是敏捷对文档没有规范性要求，所谓"足够的文档"主观性太强）。作者认为，这个是敏捷与 CMMI 之间最大的障碍，也是阻碍敏捷开发进入 CMMI 企业的最大绊脚石；

自 20 世纪 90 年代敏捷的思想萌芽后，尤其是从敏捷联盟宣言和原则制定后，越来越多的敏捷支持者和实践者将敏捷技术和原则不断地在项目中进行实践，总结了丰富的实践经验和过程。目前比较流行的敏捷方法有 Scrum，极限编程（XP）以及 21 世纪才提出的后起之秀看板方法。

2.5.3.1 Scrum

Scrum 是由杰夫萨瑟兰和肯·施瓦伯于 20 世纪 90 年代早期共同创建的一种软件开发过程。Scrum 根植于经验过程控制和复杂自适应系统理论，受《哈佛商业评论》1986 年一篇名为《新产品开发游戏》的文章启发而来。

Scrum 的核心概念有 5 个部分，分别是：第一，按优先顺序排列产品需求清单。将产品分割成一组小而具体的可交付物，即产品需求清单。产品负责人按商业价值以及风险和依赖关系等其他因素对需求清单进行排序。第二，跨职能团队。将项目人员划分为多个小规模、跨职能、自组织的开发团队。每个团队都有一位产品负责人定义愿景和总体的业务优先顺序，以及一位 Scrum 大师专注于改进团队、消除障碍。第三，迭代周期

（Sprint）。将整个开发时间划分为多个短小的、固定的迭代周期（Sprint）。每个周期要实现的产品清单由开发团队自行决定。在迭代结束时演示能发布的版本。在每个 Sprint 开始后，不能再往 Sprint 内添加新的内容。第四，持续调整版本发布计划。产品负责人与客户一起合作，在每个迭代周期之后检查发布版本，优化版本发布计划，并更新优先顺序。第五，持续调整流程。开发团队通过每个迭代周期之后的回顾会不断优化开发流程。

2.5.3.2　极限编程（XP）

极限编程是肯特·贝克于 20 世纪 90 年代中期创立的软件开发方法。它以简洁、沟通、反馈、勇气和尊重等价值观为基础。XP 方法与 Scrum 是并行发展的，实际上包含了大多数相同要素。Scrum 可被视作 XP 的包装纸，专注于结构问题和外部沟通。而 XP 除多数理念都与 Scrum 相同外，还增加了一些团队内部的工程实践，包括以下内容：

第一，持续集成。拥有一个随着团队的开发可自动编译、集成并测试代码的系统。第二，结对编程。在一台计算机上进行两个程序员的结对编程，从而使学习效果及产品质量最大化、缺陷最小化。第三，测试驱动开发。采用测试代码驱动系统的设计。编写自动化测试脚本，然后编写出刚刚足够的代码以使其通过测试，然后优化代码。第四，集体代码所有权。开发团队的任何人能编辑代码库的任何部分。增强团队所有权意识，确保整个系统的设计都一致、易于理解。第五，增量式设计改进。从最简单的设计开始，然后运用重构等技术持续不断地改进设计，而不是一开始就做好完整的设计。

2.5.3.3　看板方法

看板方法实际上是传统工业的精益制造作用于软件开发的产物。精益的核心就是不断改进，消除浪费。而在软件开发中，浪费可表现为：各种的等待（非面对面沟通的等待，怠工产生的等待）、同时做不同工作切换时做成的效率下降、花了很多精力准备的详细文档由于需求变更而失去作用、详细文档中一些形式多于实际的内容、多个功能整批走从一个阶段进入另一个阶段时经常要对已放下很久的功能内容进行回忆等。

从字面上看，"看板"来自日语单词，是可视化卡片的意思。在丰田，"看板"专指整个精益生产系统连接一起的可视化物理信号系统。大卫·安德森于2004年率先提出了软件开发的精益思维实践方法和约束理论。在唐·赖纳特森等专家的指导下，演变成大卫所称的"软件看法看板系统"，人们习惯简称为"看板"。虽然"看板"用于软件开发还相当新颖，但其实它在传统工业制造领域的使用已有半个多世纪的历史了。

在所有的敏捷方法中，看板对项目团队的约束最少，它不是软件开发、项目管理的生命周期或者流程。它是给现有的软件开发生命周期或者项目管理方法中引入敏捷和精益思想的途径。看板所提倡的是渐进式演化，逐渐向敏捷和精益的价值观靠拢（Henrik，Mattias，2009）。

从当前的软件过程实践与研究来看，大家认同好的过程可以保证好的或稳定的软件质量。随着技术的进步，人们对软件过程提出了更多的改进模型，业界希望降低软件的生产成本，提升软件的研发效率，同时减少软件错误。这些传统的软件研发方案虽然对软件生产的过程带来了一些改进，或取得了一些进步，但是，软件漏洞错误还是不可能完全避免，这是由软件产品本身的特性所决定。因此，从软件错误特征学习并结合软件过程的改进来提升软件质量就显得非常有价值。

2.6　员工社会网络与创新

软件产品的研发过程是一个创新过程，而软件产品的研发离不开员工创造性的工作，因此，改善软件质量离不开研发团队的员工网络、学习环境和创新行为激励。尽管学者们普遍认同员工网络是企业的核心竞争力，但何种网络结构和员工关系更有利于学习能力的提升和创新目标的实现至今也没有结论。企业中研发员工的聚集，必然形成员工间的关系和社会网络，而寻找这些网络结构与关系对团队学习与创新的影响就为我们优化创新网络提供了理论支持。

社会网络的传导、扩散、聚集能力等基本属性决定了组织的运作能力（李久鑫、郑绍濂，2002）。陈子凤和官建成（2009）通过构建专利发明者之间的网络，发现较短的平均路径长度和较强的小世界性，会促使更多的创新产出；柯江林和孙健敏等（2007）通过案例和实证检验了团队社会网络密度对企业绩效有正向影响；任胜钢（2011）发现企业的嵌入结构特征对突破式创新和渐近式创新具有不同的显著影响；彭建平（2017）通过企业研发团队的研究发现员工的嵌入性对员工知识分享、创造力及群体行为具有显著影响。这些理论和实践对指导软件企业如何创新管理有积极的理论和现实意义。

2.6.1　网络形成

员工网络是组织实现战略的工具，组织通过员工的聚集会形成正式网络与非正式网络，正式网络是组织根据自身战略目标进行的选择，包括组织架构及领导与被领导的关系确定。然而非正式网络与正式网络不同，它是员工通过工作的聚集后，员工间的认知所自发组织形成的网络。网络实现了单个人之间不同模式的联系，这些网络不是静态的，而是随着时间的推移而演化的（Snijders，2001）。这些变化可能会由个人特点相关的机制和纯粹的结构网络的内生机制造成（Snijders，2005）。彭建平（2017）基于嵌入性理论，以某企业研发部门员工整体社会网络特征和员工知识分享行为为研究对象，通过员工社会网络的构建及员工关系和员工行为特征的测量，利用计量方法把企业员工的关系属性和个人行为属性放入同一经济学模型，探讨员工网络的形成机制及员工知识分享行为的作用机制，研究发现，员工在公司的经历、学历及员工关系对员工网络的形成有显著影响、员工的关系嵌入特征和关系绩效对员工知识分享行为产生显著的正向影响，并提出了利用网络嵌入特征来改善知识分享的策略。

拜恩（Byrne，1961，1971）提出了相似性吸引假说，认为人们越相似，他们越可能互相吸引。这种吸引力对人们的社会生活有很大的影响，包括他们收到的信息类型，他们的交互体验，等等（McPherson，Smith - Lovin and Cook，2001）。有些研究表明，这样的交流可能是根据年龄、性别、教育、任期内等因素的选择。有学者观察到，年龄和技术交流的频率之间有一种关系（Zenger and Lawrence，1989）。研究人员在社会学和统计学方面广泛地研究了个人特征对交流的影响。个人偏好的重要性被发现对个人以及网络连接人口特征相似性有重要影响。例如，学者们发现在美国，人种、民族、年龄、宗教信仰、教育水平、职业和性别是友谊的影响因素（McPherson，Smith – Lovin and Cook，2001）。一项研究检验了在线交流是否影响线下友谊模式，发现性别相似性的影响被排除，但是人种、民族、年龄、宗教、婚姻状况等因素对关系有很强烈的影响（Thelwall，2009）。然而，在数字革命和随之而来的新技术之间的区别已经模糊，并引起了一些试图考虑环境因素带来社会网络的变化（Reagans，2003；Monge and Contractor，2003）。Web 2.0 技术的出现以及用户原创内容呼吁更多的调查网络同质性和代理的在线社交网络的后续变化（Thelwall，2009）。

在最近的关于网络社区的研究中，关于 MySpace 的一项研究发现，存在广泛使用的地理和人口同质性，如种族、宗教、年龄、国家、婚姻状况、对孩子的态度、性取向、一起加入社区和网络的原因等（Thelwall，2009）。有学者研究移情也被称为情感支持，他发现了在线社区具有类似背景的人对社区的贡献大，如相似功能疾病、上瘾、残疾和其他类似的健康体验，更有可能建立关系（Preece，1999，2001）；还有学者发现，性别特点在 MySpace 被发现在同质性选择过程中是微不足道的，然而，这些研究结果表明，基于同质性可能因互联网交流的便利而被削弱（Thelwall，2009）。因此，关注于网络基础上的同质性的研究对于理解在线网络社区的形成和演化非常重要。

2.6.2　网络与知识分享

知识分享就是知识的传播，即组织内员工通过各种途径，在组织内彼此交换、讨论知识，其目的在于透过知识的交流，扩大知识的利用价值。达文波特（Davenport，1998）将知识分享定义为一种自愿的行为，并将之与报告相区别。亨德里克斯（Hendriks，1999）认为知识分享是一种沟通的过程，当组织成员向他人取得知识时，就是在分享他人的知识，而知识接收者必须有重建的行为；博克（Bock，2008）通过实证研究，证明了如果个体在知识分享行为中能获得的收益则对知识分享行为具有激励作用。当今员工网络是企业价值创造的核心工具，而知识是组织的重要资源（Drucker，1993），也是提供产品、服务高附加价值的优势来源。企业需不断改善或创新知识，才能建立持久的竞争力。很多学者对知识分享的定义由于认知的差异有不同的理解。

从知识的形态来说，许多学者对知识进行了分类，虽然目前对知识的分类尚存分歧，但是学者们就部分观点已达成共识。通常认为知识可以分为外显知识与内隐知识两种类型（Polanyi，1958；Nonaka，1995）。外显知识可以用文字和数字进行表达；内隐知识则表现出高度的个人化并且难以形式化，不易与他人进行交流或分享。因此，知识分享包括对外的显性知识与内隐知识的分享（徐二明，2006）。

对知识分享的定义众说纷纭，但大部分学者重视分享行为中内容的特性，学者们都着重强调在知识分享的过程中完整知识的转移以及知识分享的结果导向是共同提高组织绩效或帮助个人发展自身能力的重要因素。综上所述，我们认为知识分享具有下列特征：（1）从知识分享的过程来看，知识分享是帮助别人发展新的行动能力；（2）知识分享发生在社会网络交流互动的环境中。我们认为知识分享是一个特定环境下有选择的人际互动过程（Cross and Cummings，2004），组织成员通过恰当的方式有选择地将知识（内隐知识和外显知识）传递给组织中其他个体的行为，并能够将这些知识还原或以新的形式再现。

员工社会网络是员工知识分享的重要桥梁，知识分享离不开社会网络，社会网络为知识分享活动提供了一个情境。知识分享的情境指的是知识分享的主体和知识接收者之间人际交流所处的环境。这个环境是由个体关系特征、组织关系特征和组织情境特征所影响。学者们通过研究发现，不同的网络结构对网络中的创新扩散、知识扩散以及知识增长有明显的影响（Cowan and Jonard，2004）。李金华（2006）认为创新网络的随机化程度越大，网络中知识流动的速度越快，知识的分布越均匀。然而，要完整揭示知识分享和社会网络两者之间的关系，我们必须对嵌入在社会网络中的个体关系特征、组织关系特征和组织情境特征进行了解，分析他们对知识分享活动的影响作用。

员工的互动强度、网络密度与知识等资源的交换机会紧密相关。在大型集团公司内部，事业部之间的社会互动导致组织边界模糊，从而使事业部之间有更多的资源交换机会（Tsai and Ghoshal，1998）。在个体层面上，强联系被认为相对弱联系更有利于主体间分享精细化的和深层次的知识（Kang，Morris and Snell，2003），原因在于高频率的社会互动为主体提供了更多的认识和接触独有知识的机会。另外，广泛的网络接触增加了团队成员对各自技能与知识的了解，有助于个体在需求知识时能快速地找到相关专家（柯江林等，2007）。

员工网络与组织文化高度相关，对组织的知识分享起着至关重要的作用。组织文化是根植于组织内特定的价值观和基本信念，这种价值观和信念为组织提供行为准则，并指导组织的一切活动和行为（曹科岩，2009）。它在很大程度上决定了组织成员的行为方式，并通过影响员工的行为和心智模式，进而影响组织运作，强势文化的作用尤为明显。达文波特（Davenport，1998）指出企业若要成功地掌握与转换知识，除了与技术特质有关外，组织文化则是知识能否成功分享、转移的决定因素。而其他学者认为组织文化已成为不同层面的知识间发生关系的媒介，它创造了一个社会性的相互作用，即最终决定组织如何实施有效地创造、分享和应用知识的环境（De Long，2002）。研究发现，影响企业内知识分享并排在首位的重要因素是企业文化（Wolfgang，2001）。

2.6.3　网络与创造力

自20世纪80年代开始至今，研究者们对团队创造力内涵的研究还没有达成统一，而如何促进团队工作是学者们一直追求的方向（Edmondson，Nembhard，2009）。皮罗拉（Pirola - Merb，2004）认为某个特定时点的团队创造力是团队成员个体创造力的平均值或加权平均值，整个项目的创造力则是各时点团队创造力的最大值或平均值。舍佩尔斯等人（Schepers et al.，2007）认为团队合作是通过知识共享得以形成团队创造力。国内学者傅世侠和罗玲玲（2005）认为科技团体创造力的构成包括个体创造力、课题探索性及团队创造氛围三个因子。丁志华等（2005）主张团队创造力是个体创造力、团队结构、团队氛围和团队领导的个人素质的函数。罗瑾琏（2010）通过实证发现员工认知方式对员工创新行为具有影响作用，员工心理创新氛围对员工创新行为具有显著正向影响，进而影响员工创新行为与工作绩效，而顾客知识和创造力对创新行为具有不同的解释力。其中，顾客知识比创造力对产品功能创新行为具有更大的解释力；而顾客创造力比知识对产品形式创新行为具有更大的解释力（王莉、方澜、罗瑾琏，2011）。汤超颖（2011）通过研究发现变革型领导对团队创造力具有显著的正向影响。从这些研究中可以看出学者们更加关注团队过程、团队互动、团队气氛等团队层面的独特属性和作用机制对于团队创造力研究的价值，使团队创造力的研究从个体创造特征逐步转向群体合成特征，并成为当前新的研究热点（王黎萤，2010）。

创造力可为企业带来创新绩效，而影响企业创新绩效的因素可以分为4个层面，即：环境因素、结构因素、组织因素和个体因素（黄攸立，2010），因此，创造力同样会受到这4个因素的影响。郑刚（2004）在许庆瑞（2003）提出的全面创新管理的立体概念模型的基础上，首次提出了创新过程中各创新要素全面协同的概念，认为各创新要素在全员参与和全时空域的框架下，进行全方位的协同匹配，以实现各自单独所无法实现的"2＋2＞5"的协同效应，从而促进创新绩效的提高。曾楠等（2011）通过建立理论模型和实证研究，发现企业内部研发能力、非技术性冗余资源以及不同的外部网络联系之间的交互作用，对创新绩效会产生显著的正向影响。把社会网络与传统计量经济学方法和案例研究相结合来研究企业创新问题，分析网络结构特征对其组织问题的影响，可以把个体因素与组织因素结合起来更深入地揭示影响企业创新绩效的本质（邵云飞，2009）。我国目前已有一些学者从不同的视角应用社会网络分析方法对企业创新问题进行了讨论，并获得了许多有意义的结论（邵云飞，2008；蒋天颖，2009；张方华，2010；简兆权，2010）。其中，张方华（2010）应用结构模型发现企业通过对组织网络的关系嵌入和结构嵌入可以获取外部知识，从而对企业的创新绩效存在显著的推动作用；蒋天颖（2009）实证发现人力资本对创新绩效存在着直接影响，而结构资本、关系资本对企业创新绩效存在着间接影响并通过组织学习而实现；简兆权（2010）发现企业间的信任程度越高，则知识共享的程度越高；企业间知识共享的程度越高，则企业的技术创新绩效越高。隐形知识的分享成为企业提升核心竞争力的突破点（魏江，2010；Khan，2011），但隐形知识的传递一般以信任为基础，组织中情感连带这些非正式关系的建立有利于建立信任（罗家德，2010；Weber，2007），而信任的建立又利于隐形知识的分享。

网络嵌入性是研究企业网络的重要工具（Granovetter，1985；Uzzi，1997；Andersson，Forsgren and Holm，2002），是在经济活动中持续不断的社会关系情景（Granovetter，1985）。网络嵌入性对企业绩效或竞争优势的影响得到了学者们的广泛认可（Granovetter，1985；Uzzi，1997；McEvily and Marcus，2005）。战略管理研究要关注企业绩效的不同（Wernerfelt，1984；Barney，1991），而企业嵌入性网络的不同会带来企业竞争结果的差异，即企业嵌入在网络中的位置、结构及其关系强度的不同带来企业绩效的差异（Granovetter，1985；Burt，1992；Uzzi，1997），因而嵌入性与绩效的关系及其影响机制也成为战略管理研究的重要内容之一。

关于网络结构对创新的影响，万德等（Vander et al.，2002）提出了网络联结、知识创造和扩散的影响机制；王端旭（2009）通过实证发现团队内部网络联系强度对团队的创造力存在显著影响，而陈子凤等（2009）通过构建专利发明者之间的网络，其实证结果显示较短的平均路径长度和较强的小世界性，会促使更多的创新产出。由于社会网络可以在结构与行动之间搭"桥"，也可以在个体与集体之间搭"桥"，通过分析关系与社会网络结构，使微观个体行为到宏观的社会现象之间的过程机制得到显现和说明。因此，社会网络分析方法是研究关系和探讨中国管理本质的最佳方法（罗家德，2011）。

2.7　研究综述与启示

公共漏洞数据库的研究为漏洞数据的有效收集提供了漏洞数据库的数

据结构支持，漏洞数据库系统设计与实现的研究为漏洞数据管理提供了技术保障，然而，漏洞库数据如何应用到软件行业中，帮助企业降低安全漏洞直接反映漏洞数据库的应用价值。前两个方面的研究十分丰富，然而，漏洞数据库帮助企业提升软件质量的文献较少，因此，当今研究的盲点成为本书的研究契机。

在漏洞特征分类研究中，以往的文献比较了各种分类方案的优缺点，指出大多数分类技术存在分类多义性的问题，分类结果也可能随着时间或使用环境的改变而改变。许多学者还对国内外主流的公共漏洞库采用的分类方法进行了介绍，本章归类后发现漏洞成因特征、利用特征和 CWE 分类规则是最常被应用的分类技术。基于以往文献对分类技术的分析与比较，作者选择结合 CWE 列表的成因特征作为研究漏洞特征依据，分别探讨这些漏洞特征如何影响软件质量及应用风险，以及学习关键漏洞特征所带来的软件绩效。

通过对文献的分析和归纳发现，目前还几乎没有相关的文献研究在软件行业中如何利用公开的软件漏洞数据库来提升软件供应商的学习能力，帮助其改进自身的软件产品质量。同时，对于软件漏洞与软件产品质量、软件供应商的学习能力之间的内在联系，还缺乏深入的研究。近年来，有许多学者探讨并证实了组织学习对产品质量的重要性。学者普遍认为学习导向可以影响组织行为，进而影响企业的产品、工作流程和企业制度，作用于新产品的开发绩效，从而提高产品的质量。在组织学习与产品质量的关系方面有不少学者进行了讨论，但讨论很少涉及企业的具体行业，就软件行业而言，甚少有文献对软件漏洞学习，进而改善产品质量方面进行讨论。虽然在组织学习与产品质量的关系方面有学者进行了讨论，但具体到软件行业中，通过软件漏洞学习，进而改善产品质量的理论和实证研究寥寥无几。

2.7.1 安全漏洞与组织学习

信息技术的快速发展与应用为人类的生活、工作带来了便利，但是同时也带来了风险。软件安全漏洞的产生是由于软件研发过程中软件缺陷被人所利用，这种缺陷如果被人恶意地利用将可能造成企业或个人巨大的损失，为了减少软件安全漏洞的风险，软件提供商或研发社群会努力减少软件缺陷。然而，由于软件的漏洞隐藏在软件中，很难被发现，因此，软件的应用风险很难根除。由于软件供应商卖出的是软件功能，因此消费者对软件功能会有更多的关注，当软件产品出现问题后，一些生产企业会通过补丁来修补产品的缺陷，也有一些企业会放弃对问题产品的修补，这导致软件的应用存在非常大的风险。为了保证软件产品的质量及国家安全，从国家层面进行了制度设计，其中，国家安全漏洞数据库对软件漏洞的发布就是对全社会软件产品进行监控的一种制度设计，主要通过对软件产品的安全漏洞的发布来促进软件质量的提升与改进，降低全社会的软件应用成本。

如何降低软件的安全应用风险，学者们有大量的研究。软件安全漏洞信息的发布就是一种制度安排，可以促进质量的提升。因此，学者们形成了对软件安全漏洞进行分类的共识，这对全球软件安全漏洞的收集和归类有了一个统一的标准。同时对研究软件漏洞产生的机理及规避机制的寻找也有了一个统一的标准。然而，针对这个数据库的应用至今还严重不足，不同软件供应商在提升质量方面更多的是从技术的视角对将要发布的产品进行各种测试，优化测试模型，希望快速地发现软件缺陷并快速修正，而很少对软件存在的安全漏洞进行有针对性的学习。本章针对目前众多软件供应商的现状，从中国漏洞数据库提取漏洞特征数据，主要分析软件供应商如何从软件漏洞特征中进行快速的有效学习，以拓展国家漏洞数据的应用，帮助不同类型的企业如何有效学习安全漏洞来规避同类软件漏洞的发生。

针对当今软件漏洞库的组织学习行为研究是漏洞数据库的一个重要应用，由于大量学者把软件漏洞数据作为一个分类和发布工具，并主要从技术上探讨产生漏洞的机理，而缺乏从学习视角来探讨漏洞与软件质量、风险的关系，这成为本章的重要切入点。

在信息安全评估研究中，以往的文献介绍了主要的信息安全评估准则的发展方向，指出从管理角度整体评估信息安全的重要性。对于软件产品而言，信息安全与软件被披露的漏洞总数和漏洞风险息息相关。许多学者提出适用于各种条件的漏洞风险评估方法，说明了漏洞总数和漏洞风险对信息安全评估的重要性。而提高软件产品的安全性能，改善软件质量是研发社群的重要学习目的，因此，以往的研究为本文选择漏洞总数和漏洞风险作为研发社群学习成果提供了理论支持。

在组织学习行为研究中，以往的文献支持了从错误中学习的方法，从错误中学习意味着学习上一时期出现的漏洞特征，使当前时期该类型漏洞的数量有所减少，减少的程度越大意味着学习能力越强。以往的文献指出，从错误中进行学习是组织学习的重要方法，为本章将相邻时期的漏洞数量变化作为研发社群学习的能力提供了依据。许多学者还讨论了研发社群的学习行为机制，指出学习行为本质上是研发社群社会成本与学习成本的权衡结果，而漏洞披露会显著影响两种成本的转化，也有其他学者研究了研发社群学习行为的相互影响机制，这些研究为本书分析研发社群学习行为及共同学习方向提供了理论支持。以往文献还从组织层面和行业层面进行了分析，证实了组织学习与组织绩效呈正相关关系，多数学者认为学习导向会对组织行为具有积极影响，最终作用于新产品开发绩效，从而提高产品质量。因此对于研发社群而言，有效的学习会带来好的学习成果，提高学习能力对于改善学习成果具有积极作用。

在软件质量改善研究中，以往的文献大多从产品质量管理、研发项目管理、软件过程控制等角度讨论如何提升软件质量，研究方向集中在软件产品生命周期理论、六西格玛理论、CMMI 技术、SPI 技术等软件工程领域的理论。这些理论及应用在不断发展的过程中已经趋于成熟，但由于研究视角单一，存在固有的局限性。目前，较少有文献研究在软件行业中如何利用公开漏洞库数据识别软件研发社群的关键漏洞特征，改善自身的软件产品质量。也较少有文献深入地探讨漏洞数量、漏洞风险与软件研发社群的学习能力之间的内在联系。本章探讨软件研发社群学习成果与学习能力的关系，对于研发社群而言，理想的学习成果有利于自身软件产品的质量改善，因此本章为软件质量改善研究提供了一种新的分析思路。

2.7.2　智力资本与绩效

业界普遍认为软件供应商的绩效来自研发投入，但是，从实证结果来看并非如此，导致研发投入与绩效并不高度相关的"悖论"主要是智力资本与研发投入的关系没有厘清，虽然有些学者把研发投入当作智力资本的一个维度进行讨论，但是另外一些学者并不认为研发投入就是智力资本的一部分。笔者认为智力资本与研发投入应该是两个概念，研发投入是企业的增量投入，而智力资本应该是企业的存量，一个全球 500 强的企业智力资本存量应该是非常强大的，有许多年的知识存量与贮备，而研发投入是基于存量知识的创新行为，通过存量知识的迭代与新知识的吸收创造新的产品。因此，对于智力资本的作用机制的研究形成了当今三种观点，即：智力资本直接影响组织、智力资本透过中介因素间接影响组织绩效、智力资本对组织绩效的影响受调节因素干扰（高娟、汤湘希，2014）。

智力资本与绩效的关系研究争议为我们的研究提供契机，笔者认为不同行业智力资本在企业的作用机制应该不同，对于软件研发企业，本身是高科技产业，智力资本是企业的核心竞争力，如果没有智力资本的集聚与存量贮备，企业的生存将面临生存危机。因此，对于知识密集型企业，智力资本应该直接作用于绩效。

2.7.3　研发过程与质量

近年来，有许多学者就如何提高软件质量进行了探讨，但探讨的内容多数集中在使用 CMMI 上，软件自动化测试技术及通过规范化开发过程来分析软件质量，较少人研究通过软件漏洞来提升软件质量，此类文献不多。

各种的开发模型和方法论均有各自的侧重点和优缺点，在互联网时代，其软件产品错综复杂，某种软件方法都难以单独成为拯救所有软件开发项目的"银弹"。由于软件研发并不是完全客观的生产活动，研发主体经常受到人的自由意识所影响，导致如下问题：（1）人员在经验和能力上的差异直接导致了对软件研发项目不能简单地仅靠统一的规范就能使项目顺利运转并得到满意的结果；（2）研发必须考虑在项目差异之间做出合理的调整；（3）通常由于各项目之间的差异导致了很难能找到对所有项目都适用的通用方法，现实中能普遍用于各个项目的最佳实践并不存在。因此，根据每个项目的特点具体问题具体分析，从项目实际出发，结合相关软件方法的裁剪与融合，才是属于软件项目自身的最佳实践。

当今一些研究认为敏捷开发是瀑布开发模型的一种颠覆，而敏捷开发和 CMMI 是水火不容。难道一直使用瀑布开发模型的团队，就难以转型到敏捷开发？已实施 CMMI 的公司，就永远与敏捷开发无缘？通过有关的文献阅读和思考，本书认为答案是未必，认为敏捷和瀑布模型、敏捷和 CMMI 相矛盾的人，他们可能仅因为瀑布模型和 CMMI 是"重载"式的开发方式，而敏捷是"轻量"式的开发方式，才与瀑布模型、CMMI 不相融。很多人可能没经过实践就下了定论。作者认为，瀑布开发模型及 CMMI 和敏捷之间，并非像很多人想象的那么对立，这是因为：

第一，瀑布开发模型、CMMI 和敏捷开发，一种是软件开发生命周期模型，第二种是能力评估和过程改进模型，最后一种是方法论。他们在类型上并无冲突，通俗来说就不是同一类的东西。

第二，瀑布开发模型虽然不适应现时需求频变的环境趋势。但其对软件生命周期的划分还是非常有意义的。把周期多走几遍，其实就是迭代开发模型，即敏捷所基于的开发模型。而且，瀑布开发模型的生命周期划分，能为敏捷每个迭代内的周期划分提供参考。

第三，CMMI 关注组织级或企业级改进，敏捷关注项目级改进。CMMI 相当于战略层面的思维，敏捷相当于战术层面的思维，两者相辅相成。

第四，CMMI 是评估标准和过程框架，只告诉我们要做什么、要做哪些方面。而敏捷是方法论，告诉我们怎样做。敏捷为 CMMI 提供了项目级的具体实践方法，确保团队在 CMMI 框架下能够快速响应，不断创新，持续交付价值。

第五，CMMI 对于大多数国内企业来说，过于臃肿和死板，因此需要简化，或以更敏捷的方式实现里面各个过程域的实践内容。而敏捷太灵活，没有规范化的标准，因此需要在 CMMI 的治理框架下受到约束。CM-

MI 作为软件开发能力的评估标准，也为评估敏捷的实施效果提供了一套有效的检验标准。

第六，CMMI 重文档、重流程（相对轻沟通、轻结果）。敏捷重沟通、重产品交付（相对轻文档、轻流程）。两个单独使用的话经常会过度跑偏。两者结合，正好相互牵引，为企业和项目带来它们本应具有的价值。

因此，作者认为一旦有需要，在已经实施 CMMI 的企业和一直使用瀑布开发模型的项目团队中引入敏捷开发，是一个有意义的尝试。

正交缺陷分类（Orthogonal Defect Classification，ODC）技术是 IBM 在 1992 年提出的概念。该方法是一种介于定性和定量之间的分析方法，它在统计缺陷模型和缺陷根原分析之间架起了一座桥梁，并成功地被用于分析软件错误出现的原因。ODC 正交缺陷分类法的属性及选项较多，除非是新写的缺陷跟踪系统，否则难以具有较完整的 ODC 分类内容。大多数企业现有的缺陷跟踪系统内容和 ODC 具有一定的出入。具体如何应用，在本书中第 7 章有比较系统的阐述。笔者认为只要企业现有的缺陷跟踪系统的内容满足正交性、各阶段一致性及不同产品一致性的原则，就可以尝试用 ODC 分析法的思想对缺陷数据进行分析。

多项分类 Logistic 模型能获得影响因变量的各种危险因素，即能告诉我们要消除什么东西，但没有告诉我们应该怎样消除。因此，我们需要在获得危险因素以后，还需要对危险因素的相关内容作进一步的分析以获得能指导怎么消除它们的详细信息。而二维 ODC 分析法能获得与所分析属性有关的详细数量分布及反映出当中的异常，但组合太多，方向性太广。结合两种分析法的优缺点，笔者认为可以尝试先用多项分类 Logistic 模型快速获得危险因素。然后以消除这些危险因素为目的，对与危险因素有关的属性进行二维 ODC 正交分析，得到跟这些危险因素相关的异常情况，通过消除这些问题促进软件的质量改进。本书在案例分析中用 Logistic 模型寻找我们"要消除什么"，用二维 ODC 分析法发现我们"要怎样消除"。

2.7.4 社会网络与创新质量

创造力研究从 1950 年吉尔福德（Guilford）发表著名的"论创造力"

演说开始，对个体创造力的创造技法、测评手段和理论模型的探索取得了不小的进展，但这些研究还是留下了一个关于人与人之间关系和团队作用的缺口（Kurtzberg and Amabile，2001）。研究者们注意到仅从个体认知和人格视角研究创造力理论尚无法满足应用研究的需要（Paulus and Nijstad，2003），理解发生于多样性个体成员间的创造力，探索以团队水平为中心的创造力的所有表现，正逐渐成为创造力研究领域的新焦点（王黎萤，2010）。

1989 年，有学者提出创新网络是应付系统性创新的一种基本制度安排，网络构架的主要联结机制是企业间的创新合作关系（Imai and Baba，1989）。企业创新网络作为推动技术集成创新进而提升区域创新实力的有效组织形态嵌入于社会网络，具有社会网络的普遍属性（张宝健、胡海青、张道宏，2011）。企业创新网络理论认为企业与外部组织机构建立的彼此信任、互惠互利的合作制度，是一种高效创新模式，这种特有的模式表现出复杂性特征（Williamson，1985；Gordon，Bruce，Weijian，1997）。随着社会学相关理论逐渐渗透到经济学领域，社会网络成为解释复杂网络现象的有力工具。该理论认为创新网络是一种长期的、有目的的自组织活动，能够实现技术的非线性跃升（王大洲，2001）。同时，受社会网络结构性嵌入的影响，过度紧密的关系也会导致网络群体思维的形成，使网络整体表现出对外部新事物的排斥（Uzzi，1997）。

团队社会网络是团队社会资本的重要载体，也是信息、资源以及团队规范、共同认知、情感支持等流通传播的重要渠道，团队社会网络可细分为团队外部社会网络和内部社会网络。现有研究主要聚焦于团队外部社会网络对团队创造力的影响（王端旭，2009），如格兰诺维特（Granovetter，1985）提出团队之间的信任是双方资源交流的基础，信任嵌入于社会网络之中。因此，构建良好的外部社会网络十分重要。一些学者的研究表明团队网络地位影响外界对团队的信任及资源的交换与整合，最终影响团队的价值创造（Tsai and Ghoshal，1998）。然而，团队内部社会网络研究却远没有引起足够的重视。相对于外部社会网络而言，团队更容易掌控其内部的关系网络，通过充分挖掘嵌入于内部社会网络之中的各类资源激发团队创造力（王端旭，2009）。因此，什么样的研发团队网络更有利于创新值得我们进行深入研究。由于社会网络分析的优势在于揭示社会机制的作用过程和用整体的观点考察节点间的互动关系，很适合做创新研究（邵云飞，2009）。

知识型员工是企业的创新主体，他们的创造力是一切创新的源泉以及企业创建核心竞争能力的原动力。行动者之间所形成的关系会影响行动者的行为，而行动者的行为也会影响行动者之间的关系。因此，越来越多的学者开始从员工网络嵌入性的视角对研发团队创新能力展开深入的思考与研究（王端旭，2009；张鹏程，2011），希望发现行动者之间所形成的关系作用于企业创造力和创新绩效的机制，为优化企业研发团队的网络结构，推动个人创造力向组织创造力的转化提供理论指导和政策建议。然而，从目前的研究来看，基本上没有对员工社会网络的形成机制进行过讨论，因此，在网络结构如何推动创新行为的机制设计上缺乏理论支撑。

目前，现有的嵌入性研究基本集中于定性研究。从我国来看，嵌入性相关研究起步较晚，目前还处于起步阶段，大多局限于国外研究成果的简单整合，针对中国企业实践的实证分析非常缺乏（兰建平，2009）。员工网络是企业创新的重要资源，网络结构与员工关系对企业中知识传播的效率影响极大，高效的员工网络可以成为知识分享和扩散平台，进而促进创新。从文献的回顾我们可知，创新就是知识的发现、重构或新知识的应用。因此，在研发团队中如何利用员工网络推动异质知识的互补值得学者们的系统研究。当今，学者们针对组织间的网络如何影响组织行为有大量的研究，但是组织内部员工网络结构和关系如何影响员工行为缺乏实证，其原因在于企业内部网络的构建有相当大的难度，特别是企业研发员工的社会网络。目前相关研究多数应用计算机仿真模拟的方法来构建员工网络，然后对网络结构进行分析（陈亮、陈忠、李海刚、赵正龙，2009）。这种方法与现实员工网络存在一定的差距，对现实员工创新行为的解释也存在一定的差距。

当今信息时代，企业的创新主要依靠知识型员工的协同，而一个协同的创新团队针对不同的创新目标需要不同的社会网络的支撑。然而，由于我们对企业内部研发社会网络的形成机制研究的不足，以及整体研发网络内部网络结构如何推动创新行为的机制缺乏系统的研究，导致我们从员工网络层面来推动组织内部的知识分享与创新行为制度设计的缺失，这些研究问题为笔者的研究提供了研究启示和研究契机。

———————— 第 3 章 ————————

研 究 设 计

从文献回顾我们可以知道软件质量受众多因素影响，提升软件产品质量有多种方法，本书从软件安全漏洞学习出发，主要解决探讨三类问题：一是软件供应商的产品与关键安全漏洞的关系；二是软件的应用风险与关键安全漏洞的关系；三是研发投入与绩效的关系，软件安全漏洞学习如何影响软件企业绩效。最后，通过案例研究，探讨和分析漏洞学习理论在具体实践中的应用。

3.1　研 究 问 题

自 1968 年软件危机提出以来，人们提出了各种各样的方法论及开发模型进行软件开发过程管理及改进以提高软件项目的质量，改进在大型软件开发中的高成本、低质量、进度难以控制等问题。其中，比较著名的瀑布开发模型、强调"好的过程产生好的结果"用于改进软件过程的 CMMI 模型、21 世纪初正式提出并逐渐流行的敏捷开发模型等。

然而众所周知，质量的问题永远存在，不可能完全被消灭。因为硬件技术的快速发展，开发技术不断的变化，不同项目不同的特点，不同时代对软件开发的要求不同，如 20 世纪 90 年代前，以计划为特点的大型项目与互联网时代的需求多变的快速实现的中小型项目开发的差异。各种方法论和开发模型具有侧重点和针对性，没有说哪个是最好的，更没有一种能从横向全面覆盖不同特点的软件项目和从纵向全面覆盖不同年代项目的方法论及开发模型。早在 1986 年，弗雷德·布鲁克斯就提出了著名的"没有银弹"理论，他认为 10 年之内不存在一种单纯的软件方法学可以解决出现的软件危机（Fred，1987）。然而 30 年过去了，无论是瀑布开发模型、迭代开发模型等开发生命周期模型，还是 CMMI 等重量级方法学，还是以敏捷开发为代表的轻量级方法学都没能成为单独拯救软件开发的"银弹"。因此，人们通过项目自身特点因素，结合不同方法论及不同开发模型的优势，有针对性地对软件过程进行改进已成为改进软件质量的主流。

安全漏洞是软件产品的一大隐患，如何以最少的成本降低安全漏洞这是所有软件研发企业都非常感兴趣的现实问题，而相关研究大多数从技术角度进行分析。而从过去数据的学习，针对不同类型的企业如何有效学习的研究较少见。由于漏洞数据库的存在，不同类型的漏洞数据是公开的。因此，我们可以对这些公开数据进行分类，寻找漏洞数据与质量间的逻辑关系，从而去帮助不同企业通过有效学习来改善软件质量并降低风险成为可能。

利用安全漏洞特征数据我们可以通过模型来发现对总体质量具有显著影响的安全漏洞特征，而这些漏洞特征的形成并不是本书重点讨论的问题，具体如何改进需要从软件工程的视角对软件过程进行优化，包括软件研发技术与研发流程。我们的目标是发现漏洞特征与软件总体质量和软件应用风险的关系。从文献回顾来看，对研发软件的质量研究有大量报道，其中多数是从技术视角来发现漏洞的。而从目前的软件漏洞特征归类的视角来探讨软件对现有市场的影响并不多见，其主要原因是漏洞数据的获取困难，因此，这个研究盲点就成为本书的研究契机。

研发投入与企业绩效是一个非常重要的问题，当今业界一直存在争论，由于实证数据来源不同所支持的观点不同，导致理论界没有形成一致的共识，笔者认为这个问题的厘清需要分行业进行跟踪讨论，否则研究结论没有可比性。企业的任何投入，包括研发投入都具有风险，而投入转换成绩效需要时间和市场来检验。有些产品的时间周期长，对绩效的反映就滞后。因此，投入与绩效对不同行业的反映应该有所不同。

软件研发投入与绩效的关系一直没有厘清，学术上有许多研究结论相互冲突，而厘清这个问题对中国企业的转型，特别是知识密集型企业有非常重要的现实意义，企业的研发投入应如何投？这些投入如何创造绩效？这些问题需要我们深入地研究，理论的厘清才有可能促进或推动企业的有效投入。而研发投入与组织学习对企业绩效的影响也值得我们深入探讨，通过学习理论的构建和实证可指导我们的创新与实践。

3.2 研究假设与模型

3.2.1 漏洞学习与质量

软件行业是高智力行业，技术发展非常迅速，因此软件行业中人的学习能力就显得非常重要，特别是信息技术所带来的破坏性技术，导致软件工程师需要花大量的时间来学习新技术所带来的软件编码技术的变化，而新的软件技术可能又隐含了许多不为人知的漏洞，这导致开发出的软件漏洞不断呈现，虽然软件研发企业会不断开发软件补丁来减少软件漏洞带来的危害，但是软件补丁还可能产生新的软件漏洞。因此，对于软件研发团队持续学习的能力就显得非常重要，如何努力规避以前出现过的错误是研发团队努力的目标。

学习行为对组织绩效的影响有大量研究，由此，形成了组织学习能力理论并丰富了企业资源理论，这些理论对推动企业绩效有积极的作用。其中，学者们通过对相关文献的整理与分析，实证分析证明了组织的学习氛围与企业绩效呈正相关关系（Budihardjo，2014；Goh，Elliott and Quon，2012）；团队学习及组织学习对绩效有正向影响（Dayaram and Fung，2012）；组织学习能力可通过直接影响员工的行为和态度，进而影响公司的组织绩效（Nafei，Kaifi and Khanfar，2012）；针对企业知识存量与企业经营绩效的相关关系，研究发现，组织学习能够提高知识存量，并且对企业绩效有正向影响作用（Lee and Huang，2012）。

许多学者从行业层面探讨了研发学习行为对学习效果的影响。如萨利姆等（Salim et al.，2011）对马来西亚 ICT 行业进行整体研究，发现组织学习有助于创新能力的提升，而创新能力与企业绩效呈正相关关系；组织学习可以提高组织创新和知识管理的能力，组织创新成果的发展有助于建立知识体系，从而提升组织的绩效。因此，无论是从组织层面还是行业层面进行分析，组织学习都与组织绩效呈正相关关系，即组织的学习能力强会带来好的学习成果，而学习成果会直接或间接转换到产品质量上。

软件安全漏洞通常是由系统中的缺陷或设计缺陷引起，如：有些漏洞由于未检验用户输入而产生，通常允许命令或 SQL 语句的直接执行，而如果程序员没有检查数据缓冲区的大小，可能会引起内存栈堆区域的溢出，从而迫使计算机执行由攻击者提供的代码，导致用户受损（Kuperman et al.，2005）。软件供应商的研发团队如何学会从过去的错误中学习，需要研发团队识别引起软件信息安全漏洞的关键漏洞特征，尽可能减少软件产品重复出现同类安全漏洞的概率，以帮助软件供应商的研发团队有效和低成本地改进软件质量，同时，降低软件的应用风险。当今的软件开发越来越多地依赖团队协同，而不同的团队学习能力当然存在差异，对于专业团队来说，他们有一定时间的研发磨合，团队具备一定的知识积累和贮备，共同学习能力比开源团队要强。然而，安全漏洞学习对任何团队都具有积极作用，现有大量研究也证明了这个事实。因此，我们提出假设 1。

假设 1：软件研发社群的学习效果对软件产品质量有正向影响。

假设 1a：软件研发社群的学习效果越好软件漏洞数量越少。

假设 1b：软件研发社群的学习效果越好软件产品应用风险越低。

软件产品开发社群可分为两类，即发布专有软件的研发社群与发布开源软件的研发社群。专有软件研发社群的特点是软件产品的开发与维护通常具有明确的经济目的，社群成员的关系、开发过程和周期相对固定，研发人员彼此的交流相对固定；而开源软件研发社群包含了商业企业、基金组织、核心团队、个人等，学者们把这类社群的特点总结为开放、透明、完整、不歧视、不干涉（Ducheneaut，2005）。与专有软件研发社群相比，开源软件研发社群对软件的开发维护更多是出于知识分享的目的，社群成员的开发过程没有持续的保障，成员交流不固定并且没有明显的边界。典型的开源软件研发社群有凌厉克斯（Linux）基金会、莫扎拉（Mozilla）基金会、德比项目（Debian Project）等。由于软件开发环境不同，两类软件开发社群的学习网络不同，学习效果对软件产品的质量影响也不同，我们提出假设2。

假设2：软件开源与非开源研发社区的漏洞学习效果对软件产品质量的影响不同。

总之，组织从过去失败和错误中获取经验与知识是组织学习过程的一个重要组成部分（Sitkin，1992），失败通常被视为另一个学习新事物的机会，组织的学习行为可以促进产品的质量提升。虽然，针对信息安全的各种技术解决方案众多，但对于大多数组织来说信息安全问题仍是一个巨大挑战（Grant et al.，2014），多数数据泄漏和信息安全漏洞的原因部分是员工的无知所引起的（Yeniman et al.，2011）。软件开发社群的漏洞学习能力的提升会带来学习效果，而学习效果对软件质量会有一定的改进。通过文献回顾和假设推导，提出软件研发社群学习效果与软件产品质量的研究模型，如图 3 - 1 所示。

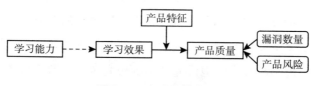

图 3 - 1　研究构念模型

3.2.2　软件研发投入、漏洞学习与绩效

在信息技术迅速发展的同时也带来了一些负面效应，信息安全事件被频繁爆出，安全漏洞给个人和企业造成的经济损失也在不断增长。计算机病毒、木马、蠕虫和黑客攻击等日益流行，对国家政治、经济和社会造成危害，并对 Internet 及国家关键信息系统构成严重威胁。这些安全威胁绝大多数是利用系统或软件中存在的安全漏洞恶意破坏系统、窃取机密信息等，由此引发层出不穷的安全事件。信息安全问题越来越多地引起了公众

的关注。对于安全漏洞问题，人们更多的是从技术角度去改进软件质量来降低软件的应用风险。

近几年，针对安全漏洞的危害，政府及业界采取了许多措施来阻止或打击利用软件漏洞的恶意破坏，部分安全组织、公司和政府机构开始根据自身的需求建立了软件安全漏洞数据库。目前，影响力较大的中文漏洞库有中国国家信息安全漏洞库、国家信息安全漏洞共享平台等。安全漏洞库保存了各类安全漏洞的基本信息、特征和解决方案等属性，成为信息安全基础设施中重要的一环，通过软件安全漏洞的报告告知所有使用者注意应用安全，同时督促开发商快速发布补丁，防止软件应用风险的扩散。

国家建立漏洞库是监控网络安全信息体系的重要措施，而软件开发企业可以从整体上分析安全漏洞的数量、类型、威胁要素及发展趋势，并识别确认自身应用环境中可能存在的漏洞。软件开发商如果能利用过去的软件漏洞的错误学习并理解这些漏洞特征产生的原因，可减少软件漏洞，提升软件质量，并获得更多有价值的知识来开发更安全的软件。

从企业的角度看，企业各种投入都是为了创造价值，产生效益。换言之，最终是为了提升企业绩效。软件研发企业从公开的漏洞库中研究自身或其他企业的漏洞特征，进行补丁开发，实际上是企业进行学习的过程。这种基于漏洞特征的组织学习是否对软件开发企业的绩效产生影响，企业是否应该将更多的研发资源投入到这些漏洞学习中去还需要实证检验。

智力资本近年来被广泛地研究，不少研究表明，智力资本也对绩效有显著的影响。而本书的对象是软件开发企业，作为知识高度密集型企业，智力资本更是企业的核心竞争力，而企业的研发投入，在企业创造绩效过程中发挥着举足轻重的作用。智力资本作为软件开发企业的核心，投入在影响企业绩效的过程中必然存在某种传递机制或者影响路径。当我们从企业漏洞特征组织学习这一角度考虑时，智力资本对企业的绩效影响是否仍然支持已有的结论？这种组织学习又在影响过程中扮演着什么角色？这些问题值得我们进行深入地探究。

3.2.2.1 研发投入与绩效

研发创新是企业用于获得先进技术、引导技术进步，建立竞争优势的关键因素，与其他企业相比，对于知识密集型企业，面对更加密集、动态变化的竞争环境，要快速占领市场，通过研发投入创造新的产品和技术是在竞争中生存的关键来源和发展的驱动力。

首先，研发投入会提供难以被模仿和复制的核心技术，带来成本的降低，增强企业的盈利能力。如美国最大数字与信息技术公司施乐公司（Xerox）首次研制出电子图像静电复制技术并对其申请专利，成为竞争者进入壁垒并获得行业的领先地位。其次，研发投入是产品产生差异化的关键阶段，研发活动过程不断发掘市场中客户的需求，以市场、客户为导向，设计差异化并具有竞争力的产品和服务。学者发现排名前 1/3 成长快的企业的收入超过 34% 来源于新产品，相比之下，成长较慢的企业，在收入构成中，新产品的贡献只有 10% 左右。最后，研发是知识积累、要素整合的过程，能够提高要素利用效率（Coombs，1996）。从研发到产品，研发过程激活了多个部门的资源和员工能力的交流，能够提高效率，减少不必要的环节，增强盈利能力。大量的研究也证实了研发对企业绩效具有正向的相关关系（Martín‐Rojas，2011；刘冰峰，2018）。

研发投入对企业绩效影响研究结论不一致，有研究认为企业研发投入与绩效正相关，能为企业带来绩效，有部分学者认为是负相关或不相关。许多学者发现研发投入与绩效正相关（王素莲等，2015；Gary et al.，2006）；一些学者发现研发投入与绩效不显著（Bottazzi et al.，2001）；另外一些学者发现研发投入与当年绩效负相关，但具有滞后效应（陆玉梅等，2011；陈建丽等，2015）

根据熊彼特的技术创新理论，企业经济增长的主要因素是技术创新，而技术创新的前提是研发投入，研发投入可提升产品技术含量和产品质量，同时创造更多的新产品来获得组织的绩效，研发是智力资本有创造性的劳动。如果研发投入与企业绩效不相关或负影响，企业不可能对研发有持续投入的动力，企业的创新就会停滞不前，因此，基于企业资源理论，研发资源是企业非常重要的资源，研发资源的有效投入才能实现企业价值的转换。由此，我们可以认为研发的投入与绩效存在中介，通过中介来获得组织的价值创造。只讨论直接的财务投入，而不挖掘研发投入的目标与客户对产品的需求，必然导致研发投入与企业绩效的悖论出现。因此，我们针对前人的研究与技术创新理论，先提出假设3，再提出前因后果的假设。

假设3：软件企业的研发投入与绩效正相关。

3.2.2.2 智力资本与绩效

在知识经济时代，智力资本正逐步地替代传统经济的土地、资金及机器产房等物资资本，成为最主要的生产要素。而对于知识密集型企业，智力资本的作用就显得极为重要。软件研发行业，主要是通过智力资本的运作，以获得不同功能的软件产品来实现价值。过去几十年来，持有资源观的学者认为异质性资源是企业核心竞争力的最关键驱动因素，许多资源观研究者认为异质资源是企业的核心竞争力，因为它是竞争对手无法以复制物质资产和有形资产的方式同样复制这些异质性资源的（Barney，1991；Zander and Kogut，1995），一些企业认为最重要的无形资产是以它们所拥有的异质知识为基础即知识基础观的内容。隐性的、物化的知识由于它们的不可复制、不可模仿的特性使企业产生卓越的绩效。有学者通过实证检验发现相对于有形知识，隐性知识能够给企业带来不可模仿的组织吸收能力的发展，进而提高企业绩效（Subramaniam et al.，2001），同样对于嵌入在企业内部的流程、运作和社会关系中的知识是最难被模仿的部分，因而对企业竞争优势具有重要作用（Badadracco，1991）。从人力资源理论的角度发现提升企业员工的技能、知识和能力是最可能将其转化成组织绩效的增长，当员工拥有较高水平的知识和业务技能时，他们产生的创意点子、新技术嵌入根植于生产设备和流程中，他们激发了生产与服务方式的变化升级，并促进员工、管理者和客户之间的联系（Berg，1969）。而学习能力观从人力资源研究上延伸出来认为智力资本为企业建立竞争优势，组织学习扩大了企业的知识基础，知识型的企业拥有更多的人力资本、社会资本和结构资本，在变化的外部环境中，体现出更高的生存、适应和调整能力（Senge，1990）。与学习能力观相似的理论，信息处理理论家加尔布雷思（Galbraith，1973）认为由于关系溢出（相当于社会的关系资本产生）和信息系统的投资（相当于提高结构资本）提升了企业流程系统的有效性，转化为更高的绩效。因此，无论是资源基础观还是知识基础观，或者基于此延伸出的从其他领域理论的研究，都对智力资本在提高企业绩效的重要性上提供了坚实的基础。

针对智力资本如何影响企业绩效存在大量研究（Wang，2008；Kamath，2008；Khalique et al.，2011；高娟等，2014），多数学者认为智力资本对企业有积极的影响；然而，也有学者发现人力资本和结构资本均对组织绩效具有负效应，而研发投入具有积极的效应（Chang and Hsieh，2011）。基于文献中学者们的研究，我们认为研发投入是产品创新的重要保证，而产品要被人接受并转换成价值，完全来自智力资本的运作，智力资本如果没有被研发投入激活，那么新产品无法在市场实现自身的价值，虽然，智力资本如何影响组织绩效的研究还未形成共识，但软件研发行业一定是知识密集型企业，它离不开知识的学习、迭代、创新和分享，一个软件企业能持续发展与企业拥有知识的载体相关，研发投入是激活这些载体的手段并通过创新获得绩效。因此，对于高科技企业的研发投入与产出绩效的关系，我们提出假设4。

假设4：智力资本对软件研发绩效具有正向影响。

研发投入能为企业带来绩效，但是研发投入的对象是谁，即如何投入，投入到什么资源中？在逻辑上应该有一个投入的接收者，可以理解为中介或研究模型中的中介变量，一般来说，充当中介作用的变量有两个前提条件：一是该变量与解释变量之间有较强的相关关系；二是该变量与被解释变量之间有较强的相关关系。根据文献分析，研发投入是作为创造新知识的重要方法，最原始的研发活动创造由个体在研发实验室中产生，因而更高的研发强度通常意味着对个体实验和知识积累有更高的支持，使人力资本提升。有学者认为研发不仅创造新知识的个体嵌入，提升并改进了个体成员对技术的理解和学习能力，同时会使企业内部成员将新技术及与之相关的价值观运用到生产产品、服务以及作业流程之中，使相应研发的效益性也会提高（Youndt，2004）。研发投入是个周期长、高风险的投入，如果企业研发投入所创造的成果外溢，则企业不会选择进行投入，但在创新愈来愈重要的时代企业不得不选择投入，为了使研发成果不容易被竞争对手获取，企业在研发投入时，会考虑增加在对不同个体所拥有的知识进行结合方面的投入，在研发、生产制造、营销等各阶段积累关系资本，与供应商、合作商、客户保持良好的关系，以便获得对市场、行业更深入的认识如差异性知识，努力将自己的研发投入创造出依附于自身流程、系统、产品和服务的综合性资源（Grant，1996；Kogut and Zander，1992），从而产生竞争力、创造企业价值和绩效。因此，一个合理的推论是研发投入带动智力资本的提升，通过智力资本提高企业绩效。基于以上分析，提出假设 5。

假设 5：智力资本中介软件研发投入与绩效。

3.2.2.3 软件漏洞学习

企业的组织学习是组织获取、分享和运用知识来保持、提升企业绩效的能力过程。利用式学习是组织学习的一种，其特点是对与企业自身基础知识相近的知识的提炼、筛选、总结，并在此基础上进行学习、吸收、运用和执行。组织学习能提高企业对外部环境的吸收能力，通过与顾客的持续沟通，掌握顾客的需求及其变化，缩短购买周期和研发周期，开发更符合需求的新产品。因此，企业的组织学习行为会作用于研发团体的研发活动，影响最终的研发效益。有学者对软件公司进行研究发现，组织团体层面的学习是改善公司知识流的重要方法，组织学习在软件公司中有助于提升创造对经营能力的改善。当企业的员工向外部的顾客、供应商、合作伙伴转移知识、交流学习时，这种学习行为能够从外部获取并积累成自身的知识，从而促进人力资本的积累，又能吸引更多相近的商业合作方，保持良好的关系，合作方之间能够更好地交流业务管理流程，对关系资本和结构资本产生积极效应（Bontis，2001）。由此，可以看出组织学习会对研发创新、影响企业的智力资本存量产生积极效应。

组织学习方面的权威学者认为企业从广义上都属于学习型组织，只是学习的程度和涉及范围的不同带来不同的绩效结果，即组织学习的差异性影响到企业无形资产特别是智力资本创造价值这一作用机制的发挥（Senge，1990）。针对台湾 IT/电子行业上市公司的学习方向、创新资本和企业绩效之间的关系，学者们认为开放的学习态度、共同的愿景和知识共享，对智力资本有积极的作用，智力资本对企业绩效也有积极的作用（Chiou et al. ，2012）。学习的目的是为了适应变化的环境，对需求变化、产品迭代有更前瞻性的理解和把握，一个发展的企业尤其是知识密集型企业，会关注如何学习检测过去已经发生或者正在发生的错误，在学习的过程中不断提高处理问题、解决问题的能力，促进组织对所处的制度和管理现状的反省，从而提高组织所拥有的资源利用率，强化起源带来的竞争优势，以促进企业的成长。李建良（2013）通过分析智力资本、组织学习、企业成长关系的研究，提出了组织学习在智力资本各要素影响企业成长中具有润滑作用。因此，可以看出组织学习会强化智力资本的价值效应，促进企业绩效增长。

对软件开发企业，产品存在漏洞是常见而难以避免的，当企业将产品投入市场，产品在测试或市场中被发现漏洞时，企业研发都会不断最大化运用自身已经积累的知识和同行业及相关行业领域的资源，去研究漏洞产生的原因、特点，从而通过改进、模仿等各种方式，研发并发布出相应的补丁，以解决安全漏洞问题，这实际上是软件开发商一种基于漏洞特征的利用式学习。软件开发企业的这种利用式学习的目的是解决漏洞问题，同时这种利用式学习也可能激发新的想法，会引起现有的知识存量、流程管理等内部制度的反省，进行再次整合，改进构建企业内部的资源利用，带来绩效回报。

组织学习对于高科技产业更为重要，它成为组织不断提升研发水平与创新的关键。针对软件企业研发团队的安全漏洞学习对智力资本与绩效的影响，我们认为具体的软件缺陷更有针对性地解决和改进软件产品质量，减少软件的应用风险。既然抽象的组织学习能改进绩效，那么，具体的软件漏洞学习同样能改进产品质量，能调节创新投入对智力资本以及智力资本对绩效的影响。因此，我们提出假设6和假设7。

假设6：安全漏洞学习能力对研发投入与智力资本具有调节作用。

假设7：安全漏洞学习能力对智力资本与绩效具有调节作用。

综合文献研究及理论假设，可以获得本节的研究构念模型，如图3－2所示。基于这个模型我们在数据收集的基础上通过回归模型对理论假设进行检验，为解释软件行业的研发投入与绩效的关系提供理论依据。

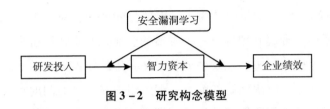

图 3 – 2　研究构念模型

3.2.3　软件研发员工网络

近年来，国外嵌入理论的研究者把相当多的注意力放在研究社会结构和网络对经济绩效的影响上，发现以社会网络形式存在的社会结构影响经济绩效（李怀斌，2009）。许多学者一直试图找到网络发挥作用并影响绩效的机制，但研究结论一直存在争议。如格兰诺维特（Granovetter，1992）认为能够充当信息桥的弱联结对企业更有帮助；伯特（Burt，1992）则认为关系的强弱与网络资源的多少并无必然联系，结构洞才起关键作用。也有很多学者认为，企业间联结关系越强，信息的交换就越频繁，学到的知识、获取的资源也越多（Mowery et al. ，1996；Uzzi，1996；Hansen，1999；吴晓波等，2005，2007），其中，解学梅（2013）通过实证研究发现，协同创新网络特征与企业创新绩效之间呈正相关关系，知识吸收能力在协同创新网络特征与企业创新绩效之间存在部分中介效应。

自 20 世纪 80 年代至今，研究者们对团队创造力内涵的研究还没有达成统一，而如何促进团队工作是学者们一直追求的方向（Edmondson et al. ，2009）。皮罗拉（Pirola，2004）认为某个特定时点的团队创造力是团队成员个体创造力的平均值或加权平均值，整个项目的创造力则是各时点团队创造力的最大值或平均值。舍佩尔斯等（Schepers et al. ，2007）认为团队合作是通过知识共享得以形成团队创造力。丁志华等（2005）主张团队创造力是个体创造力、团队结构、团队氛围和团队领导的个人素质的函数。罗瑾琏（2010）通过实证发现员工认知方式对员工创新行为具有影响作用，员工心理创新氛围对员工创新行为具有显著正向影响，进而影响员工创新行为与工作绩效，而顾客知识和创造力对创新行为具有不同的解释力（王莉、方澜、罗瑾琏，2011）。彭建平（2011）通过对企业员工整体网络构建，发现员工的网络结构特征对员工知识分享行为和绩效存在显著影响。

在特定的网络中，占据在网络中心位置的个体知道网络中发生的事情，而且他们更有能力通过人际交流获取相关的信息和知识，他们经常会被网络中的其他成员认为是具有更高的地位（Ibarra，1992；Lincoln and Miller，1979）。这种获取知识的权力和能力可以给个体带来多样化的想法和视角（Ibarra and Andrews，1993），从而给予个体获取冒险所需要的自信和人际判断力。有关实证研究也支持中心性与冒险感知相关的观点（Cancian，1967；Ibarra and Andrews，1993）。无论是在发明具有开创性意义的产品，还是在于提出一个具有新颖性且有效的解决现存问题的方案，创造力都包含冒险的成分。基于工作环境往往通过支持冒险行为来促进创造力的观点（Woodman et al.，1993），有学者提出个体占据更加中心的位置有利于提高其创造力（Perry‐Smith，2003）。因此，笔者认为个人在网络中的位置越处在核心位置，其获取的资源会越多，向外寻求帮助的机会也会越多，由此，会促进个人创造力的发展。从这些研究中可知员工的网络结构对创造力具有一定的影响。因此，我们提出假设 8。

假设 8：多个员工网络结构特征对员工创造力存在影响。

知识分享行为是一个在特定环境下有选择的人际互动的过程（Kang，2003），组织成员不仅选择分享对象，也会根据不同的对象选择不同的知识与其分享。目前，大多学者认为人际互动是实现知识分享的必要条件（Connelly，2004；Makela，2006），人际互动总是建立在一定的人际关系结构的基础上，而人际关系结构不可避免地带有民族印迹，特定文化背景下的员工知识分享行为具有自身的特点。员工关系是反映员工间所形成的社会网络中员工交流的范围和互动的频率，如果员工交流的范围广，互动频率高，则对员工的知识分享会产生互动。事业部之间的社会互动抹掉了组织边界，从而使事业部之间有更多的资源交换机会（Tsai et al.，1998）。在个体层面上，强联系被认为相对弱联系更有利于主体间分享精细化和深层次的知识（Kang，2003），原因在于高频率的社会互动为主体提供了更多的认识和接触独有知识的机会，同时广泛的网络接触可以增加团队成员对各自技能与知识的了解，有助于个体在需要知识时能快速地找到相关专家（Makela，2006）。学者柯江林（2007）还通过实证研究证明员工互动强度、同事信任和网络密度对知识分享行为具有正向影响。嵌入性理论认为行动者的任何行动都不是孤立的，而是相互关联的，他们之间所形成的关系纽带是信息和资源传递的渠道，网络关系结构决定着他们的行动机会和结果（林聚任，2009）。因此，我们提出假设9。

假设9：多个员工网络结构特征对员工知识分享行为存在影响。

曾楠等（2011）通过建立理论模型和实证研究，发现企业内部研发能力、非技术性冗余资源以及不同的外部网络联系之间的交互作用，对创新绩效会产生显著的正向影响。把社会网络与传统计量经济学方法和案例研究相结合来研究企业创新问题，分析网络结构特征对其组织问题的影响，可以把个体因素与组织因素结合起来更深地揭示影响企业创新绩效的本质（邵云飞，2009）。我国目前已有一些学者从不同的视角应用社会网络分析方法对企业创新问题进行了讨论，获得了许多有意义的结论，其中，张方华（2010）应用结构模型发现，企业通过对组织网络的关系嵌入和结构嵌入可以获取外部知识，从而对企业的创新绩效存在显著的推动作用；蒋天颖（2009）实证发现，人力资本对创新绩效存在直接影响，而结构资本、关系资本对企业创新绩效存在间接影响并通过组织学习而实现；简兆权（2010）发现，企业间的信任程度越高，则知识共享的程度越高，企业间知识共享的程度越高，则企业的技术创新绩效越高；彭建平（Peng，2012）通过实证发现，企业研发员工的整体网络特征与知识分享行为对创新绩效存在显著影响，同时应用一个案例讨论了员工的网络结构如何影响员工创造力。然而，针对软件外包公司的人力形态多元化环境下员工的创造力形成却缺乏系统地研究（彭建平，2017）。

由于科技产品的技术含量不断提升，研发多数项目必须由研发团队的知识员工协同才能实现，因此，组织内知识分享与知识的重构是企业提升创造力、实现产品创新的关键，而知识分享效率与效果又与员工的社会网络有关。因此，我们提出假设10。

假设10：员工知识分享在员工网络特征与创造力间存在着中介效应。

根据理论假设和文献，我们选择员工的创造力为研究因变量，员工的知识分享行为及不同情境下员工的网络结构特征为自变量，员工属性特征

为控制变量,以此来探讨员工的行为对创造力的影响。具体研究模型如图
3-3 所示。

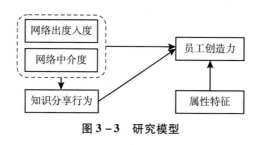

图 3-3 研究模型

3.3 数据的收集及研究模型

针对提出的理论假设需要进行实证,数据的收集与实证模型的选择成
为研究目标能否实现的关键,由于研究涉及软件企业研发安全漏洞学习与
企业的投入和绩效,我们需要跟踪不同时期的研发数据并利用模型来检验
本书提出的理论。因此,我们选择两个不同的数据库以单位名称及相关属
性特征来合并研究数据,形成本书的数据集。

3.3.1 软件安全漏洞数据收集

中国国家信息安全漏洞库 (china national vulnerability database of infor-
mation security, CNNVD) 是本书研究的数据源之一。CNNVD 由中国信息
安全评测中心运营,是一个具有综合性的公开安全漏洞数据库,履行漏洞
分析及风险评估的职能,对行业的研究和应用都具有重要的参考价值。
CNNVD 是基于国际通用漏洞披露 (Common Vulnerabilities & Exposures,
CVE) 标准漏洞字典的数据库,数据库 1988 ~ 2016 年共收集了 88708 个
漏洞。CNNVD 收录的漏洞信息包括漏洞名称、CNNVD 编号、发布时间、
更新时间、危害等级、漏洞类型、威胁类型、CVE 编号、漏洞来源、漏洞
简介和漏洞公告等。研究重点关注的漏洞信息包括漏洞危害等级、漏洞类
型和漏洞发布时间。

基于漏洞特征学习的软件质量改进机制研究

我们根据《国家信息软件漏洞库 CNNVD 漏洞分级规范》（2015），漏洞危害等级由高至低划分为 4 个等级：超危、高危、中危和低危。危害程度划分分类、解释及赋值如表 3-1 所示。

表 3-1 CNNVD 危害程度划分因素具体解释及赋值

危害程度划分因素	赋值（由高至低）	解释
访问路径	远程、邻接、本地	一般指利用该漏洞要求攻击者与被攻击系统的距离
利用复杂度	简单、复杂	一般指完成攻击需要利用外部条件的复杂程度
影响程度	完全、部分、轻微、无	由漏洞对目标的保密性、完整性和可用性三个方面的影响共同导出

从表 3-1 可以看出，漏洞的危害等级本质上由攻击者利用漏洞的难易程度和对攻击目标的保密性、完整性和可用性的影响程度决定。这样的划分实际上是静态的，没有考虑漏洞产生的环境以及漏洞影响对时间的响应。

根据《国家信息软件漏洞库 CNNVD 漏洞分级规范》[①]，漏洞类型根据分类的不同程度，按照层级结构划分为 31 种类型。由于 CNNVD 对漏洞类型的分类基于抽象层级，不能通过 CWE 常见缺陷列表进行互斥的划分，在不同的层次研究漏洞，会对相同漏洞产生不同的分类。例如，跨站脚本错误可以被抽象为注入错误，进一步在更高层次还可以被抽象为输入验证错误。为了避免分类的多义性，本章参照阿拉斯姆（Aslam，1996）漏洞分类法和 CWE 列表，剔除出现次数极少的漏洞类型，按照 9 类漏洞特征分析数据。漏洞特征的具体解释如表 3-2 所示。

表 3-2 本书的漏洞特征说明

漏洞特征	解释
配置错误	系统以不正确的设置参数进行安装；系统被安装在不正确的地方或环境
边界条件错误	当一个进程读或写超出有效地址边界的数据；系统资源耗尽；固定结构长度的数据溢出

---

① 国家信息软件漏洞库 CNNVD 漏洞分级规范．中国信息安全评测中心，2015－07．

续表

漏洞特征	解释
输入验证错误	程序没有正确识别输入错误；模块接受无关的输入数据；模块无法处理空输入域；域值关联错误
设计错误	当程序由于设计不当而造成的错误
竞争条件错误	两个操作在一个时间串口中发生造成的错误
来源验证错误	来源验证不当造成的错误
访问验证错误	一个对象的调用操作在其访问域之外；一个对象的读写文件和设备操作在其访问域之外；当一个对象接受了另一个未授权对象的输入
意外情况错误	系统未能正确处理由功能模块、设备或用户输入造成的异常条件
其他错误	不属于以上错误的未能确定形成原因的其他错误

本书从 CNNVD 中收集了软件研发社群 2010～2016 年共 7 年的漏洞信息，并从安全焦点（Security Focus）网站采集了相应 7 年的 CVE 数据，作为供参考的标准漏洞字典。本章通过爬虫软件在 CNNVD 网站采集漏洞信息后，通过漏洞简介和漏洞公告来整理漏洞的研发社群信息，通过 CVE 编号将 CNNVD 披露的漏洞类型与本研究的漏洞特征进行匹配，最终整理出 180 个软件研发社群共 29097 条漏洞信息。由于本章关注的是研发社群近 7 年的学习行为，其中，不同时期之间的漏洞数量变化将作为本研究的重要变量，因此，有必要区分不同漏洞的发布时期。本章以 3 个月为一个时间单位，这样在 7 年的数据收集期间共有 28 个时间单位。

本书最终用于分析的软件漏洞数据集包含以下字段：研发社群类型、研发社群编号、研发社群名称、时期、漏洞总数、低危漏洞数量、中危漏洞数量、高危漏洞数量、超危漏洞数量、配置错误学习、边界条件错误学习、输入验证错误学习、设计错误学习、竞争条件错误学习、来源验证错误学习、访问验证错误学习、意外情况错误学习和其他错误学习。其中研发社群类型为二分变量，取值 1，表示专有软件研发社群；取值 2，表示开源软件研发社群。

本书对软件研发社群的学习行为进行研究，需要以学习成果为因变量，以学习能力为自变量，探究学习成果与学习能力的关系。由于研发社群的学习目的集中在减少漏洞总数和降低漏洞风险上，因此，研究将分别用漏洞总数和漏洞风险表示学习成果。由于研发社群需要从过去的错误中进行学习，我们将使用各个漏洞特征的当前时期漏洞数量减去上一时期漏洞数量的值，表示相应漏洞特征的学习能力。总而言之，在我们使用的自变量为漏洞特征的相邻时期漏洞数量变化，因变量包括软件研发社群的类别、漏洞总数和漏洞风险状态等，具体定义如表 3 – 3 和表 3 – 4 所示。

表 3 – 3　　　　　　　　　　　　　因变量描述

代码	含义
C_i	第 i 个研发社群类别
N_{it}	第 i 个研发社群 t 时期的漏洞总数
R_{it}	第 i 个研发社群 t 时期的漏洞风险状态

表 3 – 4　　　　　　　　　　　　　自变量描述

代码	含义
T	时期 T
R_L_{it}	第 i 个研发社群 t 时期的低危漏洞总数
R_M_{it}	第 i 个研发社群 t 时期的中危漏洞总数
R_H_{it}	第 i 个研发社群 t 时期的高危漏洞总数
R_E_{it}	第 i 个研发社群 t 时期的超危漏洞总数
V_CONFIG_{it}	$t-1$ 和 t 时期研发社群 i 配置错误漏洞数量变化
$V\_BOUNDARY_{it}$	$t-1$ 和 t 时期研发社群 i 边界条件错误漏洞数量变化
V_INPUT_{it}	$t-1$ 和 t 时期研发社群 i 输入验证错误漏洞数量变化
V_DESIGN_{it}	$t-1$ 和 t 时期研发社群 i 设计错误漏洞数量变化
V_RACE_{it}	$t-1$ 和 t 时期研发社群 i 竞争条件错误漏洞数量变化
V_ORIGIN_{it}	$t-1$ 和 t 时期研发社群 i 来源验证错误漏洞数量变化
V_ACCESS_{it}	$t-1$ 和 t 时期研发社群 i 访问验证错误漏洞数量变化
V_EXCEPT_{it}	$t-1$ 和 t 时期研发社群 i 意外情况错误漏洞数量变化
$V\_UNKNOWN_{it}$	$t-1$ 和 t 时期研发社群 i 其他错误漏洞数量变化

3.3.2　软件研发企业数据收集

由于软件企业属于知识密集型企业，企业的研发投入与绩效存在较大的关联，要证明和检验我们提出的理论假设，需要提取相关数据并对理论假设进行实证。为此，我们分为两步实现对数据的收集：第一步，利用爬虫软件在互联网上收集中国漏洞数据库发布的不同企业的不同时期的漏洞数据，我们在上面已经进行了介绍；第二步，我们通过万德数据库收集对应企业在指定季度的智力资本、研发投入和企业绩效数据。

利用软件抓取所有漏洞数据并经过分析后，我们发现漏洞数据离散程度高，为此，我们以一个季度为单位进行安全漏洞及补丁的汇总，并将抓取的中国漏洞数据库中的软件开发企业与万德（Wind）金融数据终端、彭博社（Bloomberg）金融数据终端进行匹配以获取相应的研发投入、智力资本数据和企业绩效数据，经过长时间跟踪，我们匹配到 26 个软件研发企业从 2010 ~ 2016 年的 28 期数据，（具体变量及变量名如表 3 - 5 所示）形成本书的另一组研究数据集。

表 3 - 5　　　　　　　　　　　　研究变量及说明

变量名	变量计算	变量说明
企业绩效	总资产报酬率（Y）	T 时期净利润/平均资产总额
智力资本	关系资本（$M1$）	T 时期客户关系及销售费用累积之和
	组织资本（$M2$）	T 时期与经营活动有关的现金流量累积之和
	人力资本（$M3$）	T 时期职工数人均价值创造
研发投入	研发投入（X）	T 时期软件研发投入
安全漏洞学习能力	当期漏洞补丁/（当期漏洞数 × 员工人数）（LV）	T 时期单位漏洞和员工数量产生的补丁数量，说明人均学习能力

企业绩效，我们选择 T 时期的总资产回报率，它反映企业在 T 时期的净利润与平均资产总额的比值；智力资本，我们根据文献定义提出三个维度在 T 时期的财务指标，企业在维持客户关系及经营活动的支出，以及人

力资本的价值创造；研发投入是企业 T 时期为新软件开发进行的财务投入；安全漏洞学习能力是 T 时期补丁与软件漏洞之比，引入单位员工改进软件漏洞错误的个数，这个数量越大说明企业的软件学习能力越强。

3.3.3 案例数据收集

软件过程优化研究，我们通过某公司的软件问题调查请求（Problem Investigation Request，PIR）问题跟踪功能系统进行项目问题的提取，由于系统预先为所有研发问题定义了一套标准的数据结构，所以公司所有软件项目开发过程中发现的问题，都有同一套定义标准进行表述和记录，包括与国家安全漏洞数据库对应的漏洞特征，这些标准数据为我们进行量化研究提供了支持。

为了对研究模型（见图 3-3）中的研究构念进行有效测量，通过文献回顾，我们选择基尔顿（Kirton，1976）开发的测量创造力行为量表，采用员工自我评价的方式，该量表引入了中国人工作环境元素（Danis et al.，1998）；针对员工知识分享行为的研究，选择郑仁伟（2001）和杨玉浩（2008）开发测量模型进行分析比较，形成一个测量模型；针对员工的社会网络测量，选择格兰诺维特（1973）提出的测量关系维度以及罗家德（2010）提出的整体网络测量模型，对员工不同主题下的员工关系进行测量，并构成 6 个员工整体社会网络。

针对 6 个员工社会网络，可以通过网络处理软件（UCINET）抽取员工网络程度中心性、出度、入度、中介性和紧密程度中心性等。其中，员工网络程度中心性是衡量一个人与其他人交往程度的重要指标，网络程度中心性高的员工，在网络中受到尊敬，有相当高的影响力，网络程度中心性是由员工在网络中的出度与入度相加获得；员工在网络中的出度指的是他主动与其他员工交往的程度，出度大的员工影响力大；而入度是员工受别人尊敬或主动与他人交流的程度；员工在网络中的中介性是反映其他员工相互交流需要通过某员工的路径数量，处在这个位置上的员工具有"桥"的作用，这些员工是项目团队员工进行沟通的桥梁或中介，处在这个位置上的员工一般具有较高的信任度。在我们的研究中选择员工在不同网络中的中介性、出度和入度作为自变量。

员工网络结构对员工的创新行为具有一定的影响，这类研究的难点在于如何构建员工不同情境下的整体网络。研究以某公司的一个研发项目为例对参与项目的所有员工的社会网络和行为进行问卷调查，通过问卷的发放与回收，我们可以获得某公司员工与外派员工所形成的整体网络和行为数据。

3.3.4　研究模型

针对研究内容和数据结构，我们分别选择不同的研究模型，以检验我们提出的理论假设，我们分为三部分对实证进行展开，首先，我们对整数型漏洞数据进行分析，解决安全漏洞特征学习与软件质量的关系，通过漏洞学习来控制软件的应用风险；其次，我们探讨研发投入与软件研发绩效的关系，而安全漏洞学习是如何调节研发绩效；最后，通过案例研究，针对数据结构选择来分析模型。

3.3.4.1　负二项回归模型

负二项分布描述的是在一系列伯努利试验中，直到第 n 次试验才成功的概率分布，有高度聚集性的计数数据一般服从负二项分布，对这样的随机变量进行回归分析时，一般使用负二项回归模型。实际上负二项回归模型广泛应用于医学、金融学、保险等领域中的零膨胀数据，例如，流行病感染人数、药物不良事件发生次数、保险索赔次数等。李婵娟等（2004）应用负二项回归模型分析新药使用后不良效果的影响因素，对新药安全性进行评价；徐飞（2009）采用多种模型对汽车保险索赔频率进行预测，证明负二项回归模型预测效果最好；张晓东等（2013）把负二项回归模型应用在水上交通事故成因的分析中。

对于本章的漏洞数据，漏洞总数方差显著大于均值，具有过度离散特征，因此，漏洞总数往往可用负二项分布来拟合，其概率密度函数为（Mcelduff，2008）：

$$f(y_{it} \mid X_{it}) = \frac{\Gamma(y_{it} + \alpha^{-1})}{(y_{it}!)\,\Gamma(\alpha^{-1})} \left(\frac{\alpha^{-1}}{\alpha^{-1} + r}\right)^{\alpha^{-2}} \left(\frac{r}{\alpha^{-1} + r}\right)^{y_{it}} \qquad (3-1)$$

其中，y_{it} 表示 t 时期研发社群 i 的漏洞总数，X_{it} 表示 t 时期研发社群 i 的漏洞特征学习能力，X_{it}^T 是 X_{it} 的转置矩阵，α 为离散度参数，用于衡量分布的离散程度，r 为负二项参数。确定 α 和 r 的取值即可确定漏洞总数的概率分布。

由负二项分布的性质可知，条件均值 $E(y_{it} \mid X_{it}) = r$，方差 $V(y_{it} \mid X_{it}) = E(y_{it} \mid X_{it}) + \alpha [E(y_{it} \mid X_{it})]^2 = r + \alpha r^2$ 使用对数连接函数对条件均值建立广义线性模型：

$$\ln E(y_{it} \mid X_{it}) \equiv X_{it}^T \beta \qquad (3-2)$$

其中，β 是参数向量。结合式（3-1）和式（3-2）可得：

$$f(y_{it} \mid X_{it}) = \frac{\Gamma(y_{it} + \alpha^{-1})}{(y_{it}!)\,\Gamma(\alpha^{-1})} \left[\frac{\alpha^{-1}}{\alpha^{-1} + \exp(X_{it}^T \beta)} \right]^{\alpha^{-1}} \left[\frac{\exp(X_{it}^T \beta)}{\alpha^{-1} + \exp(X_{it}^T \beta)} \right]^{y_{it}}$$

$$(3-3)$$

通过极大似然估计法对参数 α 和参数向量 β 进行估计，即可拟合漏洞总数的概率分布，计算出条件均值。本章使用 Stata14 软件来估计负二项模型的参数。

3.3.4.2 潜在剖面模型

潜在剖面模型是潜在类别模型在外显变量为连续变量上的拓展。潜在类别模型是给定一个分类方案，使处于某一潜类别的反应向量出现的条件概率等于处于同一潜类别的对各个外显变量的反应出现的条件概率的连乘积，也就是说，在这个分类方案下，同一潜类别的各个外显变量单独反应相互独立。当外显变量是连续变量时，分类方案对条件概率的约束转化为对条件概率密度的限制。总而言之，潜在类别模型和潜在剖面模型都是给出一个分类方案，使外显变量的关联能够被潜类别变量解释。

根据潜在剖面模型的特点，许多文献利用这种分析方法识别外显变量的潜在关联，或对异质性群体进行分类后，讨论形成各个类别表现差异的原因。巢琳等（2017）应用潜在剖面模型，根据 26 个指标得分描述了中小企业员工的心理资本差异；谢员等（2013）应用潜在剖面模型对中学生危险行为进行分类，并讨论了中学生的心理健康对分类结果是否有显著影响。值得注意的是，基于潜在剖面模型的分类结果不一定有一致的程度差异。陈晓等（2016）对大学生人际交往能力的分类有一致的程度差异，高能力的分类结果在各项外显指标的得分均高于低能力的分类结果；然而吴鹏等（2016）对父母教育方式的分类没有一致的程度差异，但通过各分类结果在各项外显指标的得分排序也可以对分类结果进行描述。

　　本章将讨论漏洞风险与漏洞特征学习能力的关系，而研发社群漏洞风险状态的确认是进行这一步讨论的前提。事实上，研发社群的漏洞风险难以客观地比较，以下两种判断方法是可以被接受的：当两个研发社群在相同危害等级的漏洞数量不同时，漏洞数量更多的研发社群漏洞风险更大；当两个研发社群在不同危害等级的漏洞数量相同时，危害等级更高的研发社群漏洞风险更大。然而这两种情况出现的机会很少，而其他情况的判断依据都难以保证客观性。例如，1 个中危漏洞带来的风险和 2 个低危漏洞带来的风险难以进行客观比较，而比较的结果也难以推广到所有的研发社群。尽管如此，由于漏洞危害程度和漏洞数量的差异，研发社群的漏洞风险差异是客观存在的，而这种差异确实体现在漏洞数量在各危害等级的分布情况中。因此，本章对漏洞风险状态的确认，实际上是希望寻找不同研发社群漏洞数量在各危害等级分布的差异，进而解释它们在漏洞风险上的异质性。

　　尽管传统的因子分析方法能够提取多个变量的主要信息，用共性因子的差异来解释多个变量的差异，但是因子分析假设测量指标是服从正态分布的连续数据，而研发社群的漏洞数量往往不能满足这个假设，因此，因子分析的参数估计可能不准确。潜在剖面分析则没有这样的限制，能够较好地反映研发社群风险状态的差异。

　　假设研发社群的漏洞风险状态被分为 K 类，则风险状态概率分布为（Vermunt，2004）：

$$F(R_{it}) = \sum_{k=1}^{K} P(R_{it} = k) \times f(R_{it} \mid \beta_k, \theta_k^2) \tag{3-4}$$

其中，R_{it} 表示第 i 个研发社群 t 时期的漏洞风险状态，β_k 是各类别的均值向量，θ_k^2 是各类别的协方差矩阵，β_k 和 θ_k^2 表示了不同类别之间的异质性。由相同类别的各个外显变量单独反应相互独立可得：

$$f(R_{it} \mid \beta_k, \theta_k^2) = \prod_{j=1}^{4} f(R_{jit} \mid \beta_k, \theta_k^2) \qquad (3-5)$$

其中，j 表示漏洞危害等级，R_{jit} 表示第 i 个研发社群 t 时期危害等级为 j 的漏洞数量。因为类别是潜在的，所以需要对类别的先验概率分布进行估计：

$$P(R_{it} = k) = \frac{\exp(\tau_k)}{1 + \sum_k \exp(\tau_k)} \qquad (3-6)$$

其中，τ 是一个要被估计的 $(K-1) \times 1$ 的向量，结合式（3 - 4）、式（3 - 5）和式（3 - 6）可得风险状态概率分布：

$$F(R_{it}) = \sum_{k=1}^{K} \left(\frac{\exp(\tau_k)}{1 + \sum_k \exp(\tau_k)} \right) \times \left[\prod_{j=1}^{4} f(R_{jit} \mid \beta_k, \theta_k^2) \right] \quad (3-7)$$

潜在剖面分析的过程是从 $K=0$ 开始逐渐递增潜在类别的数目，采用极大似然法对参数进行估计，迭代进行假设模型和观察数据之间的检验，直至出现最佳的适配效果。常用的评价模型拟合指标有贝叶斯信息准则（BIC）、艾凯克信息准则（AIC）和信息熵（Entropy R^2）等（Mccutcheon，2002）。其中 BIC 准则假设估计模型中存在真实模型，BIC 参数值越小，估计模型与真实模型越吻合（Schwarz，1978）；AIC 准则不存在真实模型的假设，而是寻找能够解释数据的最简模型，AIC 参数值越小的模型越优（Akaike，1974）；信息熵则用于评价分类的准确度，它的值越接近 1，分类准确度越高。实际上，这些模型评价指标没有孰优孰劣的区别，对最优模型的选择应该综合考虑这些指标，同时也要结合研究需要以及数据特点。例如，苏斌原等（2015）考虑潜在剖面模型拟合指标时，选择的最优模型没有最小的 BIC 值和 AIC 值，但是模型的信息熵最接近 1，而且模型比较简洁，分类数也符合理论经验。本章使用 LatentGOLD 4.5 软件进行潜在剖面分析。

3.3.4.3 多分类 Logistic 回归模型

本章采用多分类 Logistic 回归模型研究漏洞风险状态与漏洞特征学习能力的关系。其中，对专有软件研发社群风险状态的分析使用无序多分类 Logistic 回归模型，对开源软件研发社群风险状态的分析使用有序多分类

Logistic 回归模型。

二分类 Logistic 回归模型是对事件的比数建模，当连接函数是 Logit 函数时，则是对比数的自然对数建模，研究自变量对比数的作用。当因变量的可能响应不止两个类别时，二分类 Logistic 回归模型需要被拓展为多分类 Logistic 回归模型，根据因变量水平本质是否定序又可分为有序多分类和无序多分类的 Logistic 回归模型。

（1）有序多分类 Logistic 回归模型。沃克和邓肯（Walker and Duncan，1967）使用了一种递推的方法，将估计二分类事件发生概率的方法推广到估计多分类事件发生概率上，并将这个方法应用于冠心病的前瞻性研究中。卡拉（Mccullagh，1980）建立了有序数据的一般回归模型，并对其进行了讨论，包括假设条件的限制、参数估计的方法和统计软件的实现，指出这些线性模型是广义线性模型的多元扩展。阿姆斯壮等（Armstrong et al.，1989）对有序多分类 Logistic 回归模型中的累积比数模型和连续比率模型做了详细的讨论，提出适用于这两种模型的广义表达形式。参照阿姆斯壮等（Armstrong et al.，1989）的研究，有序多分类 Logistic 回归模型可表示为：

$$link(\pi_j) = \alpha_j - X^T\beta \qquad (3-8)$$

其中，π_j 表示因变量取值为 j 的概率，β 是参数向量，α_j 是常数项，$link$ 表示连接函数，根据因变量数据的特点，应该选择相应的连接函数。刘润幸等（2002）以分析白血病病人生存时间影响因素为例，比较了 5 种连接函数的有序多分类 Logistic 回归模型评估指标，给出了各种连接函数的函数形式和适用范围，其中负 log-log 连接函数适用于较多的较低分类例数。劳拉和马休斯（Laara and Matthews，1985）详细推导并证明了使用补充 log-log 或负 log-log 作为连接函数时，累积比数模型与连续比率模型等价，证明了使用负 log-log 连接函数建立有序多分类 Logistic 回归模型的合理性。

本书将开源软件研发社群的风险状态确定为低危、中危、高危、超危 4 种状态，分别取值为 1、2、3、4，不同风险状态之间有显著的程度差异。由于低危状态占比超过 50%，即因变量取值水平低的水平发生概率高，本章选择负 log-log 连接函数建立有序多分类 Logistic 回归模型，参照拉拉和马修斯（Laara and Matthews，1985）的研究，函数形式可表示为：

$$-\ln\left[-\ln(\pi_1)\right] = \alpha_1 - X^T\beta \qquad (3-9)$$

$$-\ln\left[-\ln(\pi_1 + \pi_2)\right] = \alpha_2 - X^T\beta \qquad (3-10)$$

$$-\ln\left[-\ln(\pi_1 + \pi_2 + \pi_3)\right] = \alpha_3 - X^T\beta \qquad (3-11)$$

$$\pi_4 = 1 - (\pi_1 + \pi_2 + \pi_3) \qquad (3-12)$$

通过极大似然法对参数向量和常数项进行估计，结合式（3-9）~式（3-12）可计算出漏洞特征学习能力对各种风险状态发生概率的影响程度。对于累积比数模型，因变量的分割位置不应该影响自变量的回归系数，即各回归方程在多维空间中相互平行。因此，使用有序多分类 Logistic 回归模型之前需要进行平行线检验，无效假设为因变量各方程回归系数相等，如果似然比检验 P > 0.05，说明无法拒绝无效假设，即无法否定各回归方程互相平行，允许使用有序多分类 Logistic 回归模型进行分析。

（2）无序多分类 Logistic 回归模型。若因变量水平本质无序，K 个水平的无序数据可以选择其中一个水平作为参照，建立（K-1）个广义 Logit 模型。本章将专有软件研发社群的风险状态确定为安全、潜伏、激发、危险 4 种状态，分别取值为 1、2、3、4，不同风险状态之间无显著的程度差异。本章选择安全状态为参照水平，建立无序多分类 Logistic 回归模型，可表示为（Kwak and Claytonmatthews，2002）：

$$\ln(\pi_4/\pi_1) = \alpha_4 + X^T\beta_4 \qquad (3-13)$$

$$\ln(\pi_3/\pi_1) = \alpha_3 + X^T\beta_3 \qquad (3-14)$$

$$\ln(\pi_2/\pi_1) = \alpha_2 + X^T\beta_2 \qquad (3-15)$$

$$\pi_1 + \pi_2 + \pi_3 + \pi_4 = 1 \qquad (3-16)$$

通过极大似然法对参数向量和常数项进行估计，结合式（3-13）~式（3-16）可计算出漏洞特征学习能力对各种风险状态相对于安全状态的发生概率的影响程度。至于我们为什么把风险分为四类，这与我们应用潜变量分类模型进行数据分析及对应的判别模型评价参数有关，具体分类理由参见第 5 章。

3.3.4.4 线性回归与中介检验

智力资本中介研发投入与组织绩效，我们首先需要检验中介效应，定义 X（研发投入），M（智力资本）和 Y（绩效）。根据学者（Baron and Kenny，1986）提出的检验方法，我们分三个步骤：首先，探讨 X 对 Y 的影响，检验回归系数的显著性。其次，探讨 X 对 M 的影响，检验回归系数的显著性。最后，探讨 X 与 M 对 Y 的影响，检验 X 对 Y 回归系数的显著性，如果不显著，说明 X 被完全中介，如果系数仍然显著，并且系数大小有所下降，说明部分中介。

该方法是在验证中介效应时最流行的方法，具体而言，当考虑自变量 X 对因变量 Y 的影响，如果 X 通过影响变量 M 对 Y 产生影响，则 M 为中介变量。检验步骤为：检验系数 c 的显著性；检验系数 a 的显著性；检验系数 b 的显著性。具体如图 3-4 所示。

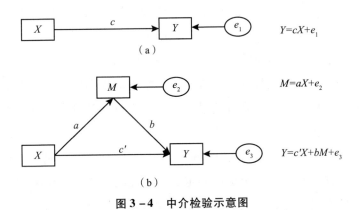

图 3-4 中介检验示意图

如果系数 c 显著，系数 a 和 b 都显著，则中介效应显著。此外如果 c' 不显著，则为完全中介效应。但是这种依次检验法由于容易犯统计检验上的第一类错误而受到批评和质疑。

我们把安全漏洞学习作为调节变量，可以用以下公式来检验中介是否被调节。根据上面的定义，我们引入安全漏洞学习变量（LV），交互项为：$x \times LV$，公式为：

$$M = \beta_0 + \beta_1 x + \beta_2 LV + \beta_3 x \times LV \cdots \cdots \qquad (3-17)$$

模型中只要 β_2 和 β_3 显著，则证明这个中介变量被安全漏洞学习调节，β_2 和 β_3 分别调节截距与斜率。由于 M 是代表智力资本，而智力资本又是由三个维度组成的，所以利用公式（3 – 17）对三个维度分别进行检验。

软件安全漏洞学习对智力资本与绩效的调节作用，我们同样应用回归模型来检验，其中，引入智力资本的三个维度与安全漏洞学习的交互项，分别检验软件漏洞学习对智力资本三个维度的调节效果，参见模型（3 – 18）：

$$y = \beta_0 + \sum_{i=1}^{3} \beta_i M_i + \gamma_0 LV + \sum_{i=1}^{3} LV \times \gamma_i M_i \cdots \qquad (3 - 18)$$

其中，y 是企业绩效；M_1、M_2、M_3 分别代表关系资本、结构资本和人力资本；LV 代表软件安全漏洞学习能力。

3.3.4.5 IBM 的 ODC 正交缺陷分类法

软件缺陷度量是软件组织对软件的质量和过程进行评估和预测的常用手段之一。传统的度量方法主要有定量的统计缺陷模型和定性的缺陷因果分析，前者用数学的方法抽象和统计缺陷的数量，在开发过程的后期得到一些相关的分析报告，难以在开发过程中对开发人员提供及时的信息反馈；后者用自然语言去描述已发现的单个缺陷的根本原因和表现形式，是对单个缺陷的精确分析。在开发过程中就能进行并及时把信息反馈给开发人员。但它要求开发人员有较强的分析能力，而且自然语言容易造成内容标准不统一，单个缺陷进行分析难以纵览全局，全面展开成本又很大。显然，作为软件缺陷度量两个极端的定量和定性的方法，都无法同时实现对缺陷信息的全面分析，以及将度量的结果及时反馈给开发人员（Chillarege，1992）。

正交缺陷分类（orthogonal defect classification，ODC）技术是 IBM TJ Watson 研究中心的雪拉瑞（Chillarege）在 1992 年提出的概念。该方法是一种介于定性和定量之间的分析方法，它在统计缺陷模型和缺陷原因分析之间架起了一座桥梁。在成本方面，正交缺陷分类和定量方法一样较低，但效果上却达到了定性分析的力度。它不仅描述了缺陷本身的特征，而且还描述了何时发现这些特征（陈爱真，2010）。它的主要特点有以下几个：

（1）正交性。所谓正交性是指缺陷属性在语义不存在关联性，各自独立，没有重叠的冗余信息。

（2）各阶段一致性。缺陷的分类与软件所处的生命周期阶段无关，缺陷的定义无论在哪个阶段都按照统一的标准，从而使对软件开发和测试过程随时间变化的纵向分析比较不受限制。

（3）不同产品间的一致性。缺陷的分类与软件的种类无关，使用的也都是统一的定义标准。

所有缺陷共享统一的属性选项，便于统一分析。ODC 定义了八个互相正交的缺陷属性用于对缺陷的分类。ODC 把缺陷属性定义为"发现缺陷的活动""缺陷触发""缺陷影响""缺陷年龄""缺陷来源""缺陷限定""缺陷类型""缺陷目标"这些属性。每个属性具有各种取值，共 164 个取值。进行属性分类是为了方便分析。因此 ODC 不仅仅是一个缺陷分类方法，它还是建立在其定义的缺陷语义信息基础上的度量方法（尹相乐，2008）。可以进行单维度的分析，也可以进行多维度的分析。具体分析方法如下。

第一，单维度分析，即单独对一个缺陷属性进行度量分析，根据以往软件项目的历史数据确定软件过程中八大缺陷属性的期望分布，把项目当前的缺陷分布和期望分布作对比，观察是否存在异常分布趋势或异常特征点。分析异常产生的原因。

第二，多维度分析，即结合两个或两个以上的缺陷属性进行分析。它比单维度分析具有更细致的分析效果。结合两个或更多的缺陷属性进行交叉的数量统计，获得一种属性在另一种属性上的数量分布情况，分析异常产生的原因。如结合"缺陷的类型"及"发现的阶段"进行二维正交分析，若发现大量的算法类型缺陷在系统测试甚至用户验收测试才被发现，那就说明开发人员可能对算法不熟悉而导致算法缺陷大量被引入，在单元测试中也缺少针对算法类型错误的测试。

正是由于正交缺陷分类的优异之处，使 ODC 得到了广泛的发展与应用，全球多个软件组织及业界都开始接受并使用 ODC。作为定量的测量和分析方法，它已经成为 CMM4/5 的支撑工具之一，为 CMM4/5 定量过程管理、缺陷预防等提供有力支持。当然 ODC 也存在不足。首先，分类复杂，难以把握分类标准，缺陷分析人员的主观意见会影响属性的确定。因此，企业在应用 ODC 的时候，需要在理解 ODC 的思想后，结合企业自身情况对 ODC 内容进行改造。其次，ODC 分析法目的性不强，方向太广。以二维分析为例，两两间结合可能会具有不同的分析意义，有 N 个属性就总共有 $N \times (N-1)/2$ 种结合方式。如果一开始没有明确的分析目标，就很容易陷入漫无目的的穷举法中，即使发现了问题，也搞不清哪些需要优先处理。

本书通过一个研究案例来探讨该研究方法的具体应用，以及作者如何利用该方法的优点寻找问题存在的原因，帮助企业改善软件过程，实现软件质量的提升。

3.3.4.6 研发网络结构与创新

针对员工嵌入，学者们提取了员工关系强弱（Uzzi，1997；Hansen，1999）、结构洞（Burt，1992）、中心度（Krackhardt，1992；Ibarra，1993；罗家德等，2010）对个体行为的影响，总的来说，目前将组织内社会网络结构特征中心度与社会网络类型情感网络、信息网络和咨询网络结合起来分析组织内的个人社会网络结构位置对个人绩效的影响已成为基本的研究趋势（姚俊，2009）。

创造力是嵌入网络中的社会过程（Amabile，1983；Woodman et al.，1993；Perry，2006）。在工作环境中社会支持和人际互动会带来员工间的社会影响，由此，人际互动会对创造力产生重要影响。同时，一些有关创造力研究发现与不同个体进行沟通和互动能促进创造力（Amabile，1996；Ford，1996；Woodman et al.，1993）。个人对创造力的认知过程强调个体会想尽办法从自己周边网络中获取与创造力相关的能力或资源解决遇到的问题。当个体拥有更多与领域有关的知识时，他可以提高其辨别存在问题的潜在解决方案，从而提高其创新绩效的概率（Mumford and Gustafson，1988；Simonton，1999）。近年来，学者们普遍认为知识和创造力之间的关系如同地基与大楼之间的关系，高楼万丈平地起，一个人只有积累了足够的知识才会具有高创造力（Wynder，2007；Sternberg，Lubart，1995）。斯坦伯格和卢瓦尔（Sternberg and Lubart，1995）提出了创造力投资理论，该理论认为创造力的充分展现需有其他资源辅助，才能将隐藏在个体内的创造潜能激发出来，这些辅助资源分别是：智能、知识、思考方式、人格、动机和环境。因此，在这个意义上，知识是创造力的源泉和决定因素，而创造力则是基于现有知识的积累过程（王莉等，2011）。

由于员工的嵌入必然会形成正式和非正式社会网络，而个体在网络中的结构和员工间的关系对许多结果变量存在影响，如知识分享行为和个体绩效（彭建平，2011d；Sparrowe et al.，2001）、晋升（Burt，1992）和主动离职（Feeley et al.，2008）等，通常学者们把员工个人在网络中的位置作为描述员工个人嵌入特征的重要参数，根据格拉诺维特（Granovetter，1973）提出的嵌入性理论研究框架，我们构建模型对员工的结构嵌入与关系嵌入在调研的基础上展开计量分析。

员工的结构嵌入对员工创造力的影响计量分析我们假设满足线性模型：

$$y = \alpha + \sum_{j=1}^{3} \sum_{i=1}^{6} \beta_{ij} Z_{ij} + \sum_{k=1}^{3} \delta_k w_k + \varepsilon \cdots \qquad (3-19)$$

其中，y 是员工个人的知识分享行为或创造力，Z 是在此基础上构建的工作讨论网、工作意见征询网、工作帮忙网、娱乐网、倾诉网与聊天网进行研究，$i = \{1, 6\}$ 分别代表不同的网络，$j = \{1, 3\}$ 分别代表程度中心性出度与入度、中介中心度，R 是员工关系，w_j 是控制变量，$k = 1$，2，3 分别代表员工学历、年龄、性别。

为了检验员工网络结构如何通过知识分享实现个人创造力，我们应用男爵（Baron，1986）提出的中介效应检验方法，具体步骤参见上面的阐述。做知识分享质量对员工网络结构与创新绩效的中介检验。我们利用式（3-20）～式（3-22）研究网络结构如何影响员工创造力（y）、员工知识分享行为（M）如何影响中介员工网络结构特征和员工创造力，其中，x_{ij} 代表 i 主题社会网络中员工 j 的结构特征：

$$y = \sum_{i}^{n} \sum_{j}^{k} c_{ij} x_{ij} + \varepsilon_1 \cdots \qquad (3-20)$$

$$M = \sum_{i}^{n} \sum_{j}^{k} c_{ij} x_{ij} + \varepsilon_2 \cdots \qquad (3-21)$$

$$y = \sum_{i}^{n} \sum_{j}^{k} c_{ij} x_{ij} + bM + \varepsilon_3 \cdots \qquad (3-22)$$

————————— 第 4 章 —————————

软件漏洞学习与质量改进

　　软件企业的安全漏洞无法避免，因此，如何减少软件安全漏洞成为软件企业共同关注的重要话题。从已经出现的软件漏洞进行有针对性的学习是帮助企业减少同类错误重复出现的常用手段。虽然，系统的学习软件漏洞产生的原因与机理可以帮助企业规避许多漏洞错误，但是这种学习方式成本高，学习内容广，而有针对性地学习，寻找不同产品的安全漏洞产生的关键机理对软件工程师可能具有更好的效果，这种定向的学习方法对改进软件质量会更加高效，因此，我们根据已经出现的大量安全漏洞进行关键漏洞特征的识别，可以有效掌握不同情境下的主要漏洞特征是如何影响软件质量的，进而提出对应的学习策略。

　　基于文献回顾，不同国家针对安全漏洞产生的机理会有不同的分类方法，为了统一对漏洞特征的认知和学习，我们使用中国国家信息安全漏洞库（China National Vulnerability Database of Information Security，CNNVD）的数据作为研究的数据源。CNNVD 是基于国际通用漏洞披露（Common Vulnerabilities & Exposures，CVE）标准漏洞字典的数据库，对安全漏洞特征与软件质量的关系进行分析。

4.1　关键漏洞特征的识别

　　将当前时期的漏洞总数作为学习成果，研究各个漏洞特征的学习能力与学习成果的关系，我们首先对数据进行描述，如表 4 - 1 所示。

表 4 - 1 漏洞数据描述性统计

漏洞数据	专有软件研发社群		开源软件研发社群	
	均值	方差	均值	方差
漏洞总数	18.91	1271.32	6.98	145.74
低危	1.59	25.95	0.83	5.41
中危	9.07	382.69	4.48	59.79
高危	6.06	202.75	1.37	15.44
超危	2.19	81.45	0.31	3.58
配置错误学习	0.01	0.19	0.00	0.02
边界条件错误学习	0.04	9.15	0.14	2.83
输入验证错误学习	0.43	23.59	0.21	35.90
设计错误学习	0.32	25.76	0.22	7.03
竞争条件错误学习	0.00	1.69	0.00	0.18
来源验证错误学习	0.00	0.21	0.00	0.10
访问验证错误学习	0.01	1.01	0.04	1.12
意外情况错误学习	0.12	16.97	0.15	6.03
其他错误学习	0.55	246.31	0.20	11.95

从表 4 - 1 可以看出，两类研发社群的漏洞总数的均值都远小于方差，表现出高度的集聚性，而漏洞披露数量是计数型数据，针对这样的数据集特点，本书采用负二项回归模型探究漏洞特征学习能力对漏洞总数的影响。漏洞总数作为因变量，它反映软件产品的质量，CNNVD 存有 10 种类型的安全漏洞数据，其中，环境错误漏洞出现的情况极少，因此，我们用 9 种漏洞特征的学习能力作为自变量，它反映两个时间节点上某种漏洞特征的减少情况，以及对软件总体质量可能产生的影响，参数估计结果如表 4 - 2 所示。

表4-2　　　　　　　　　　　负二项回归参数估计

学习能力	变量	专有软件研发社群		开源软件研发社群	
		Coef.	$P > \lvert z \rvert$	*Coef.*	$P > \lvert z \rvert$
配置错误	V_CONFIG_{it}	0.064	0.284	-0.110	0.307
边界条件错误	$V\_BOUNDARY_{it}$	-0.004	0.632	0.028 *	0.020
输入验证错误	V_INPUT_{it}	0.013 **	0.010	0.002	0.344
设计错误	V_DESIGN_{it}	0.009	0.073	0.025 ***	0.000
竞争条件错误	V_RACE_{it}	0.000	0.994	0.038	0.445
来源验证错误	V_ORIGIN_{it}	-0.016	0.764	-0.018	0.742
访问验证错误	V_ACCESS_{it}	-0.009	0.731	0.024	0.183
意外情况错误	V_EXCEPT_{it}	0.008	0.171	0.030 ***	0.000
其他错误	$V\_UNKNOWN_{it}$	0.006 ***	0.000	0.029 ***	0.000
	常数	2.889 ***	0.000	1.879 ***	0.000
模型拟合检验：LR Chi Square（9）		36.8 ***		86.3 ***	
过度离散性检验：chibar2（01）		3.2e+04 ***		8824.07 ***	

注：* 表示 p<0.05，** 表示 p<0.01，*** 表示 p<0.001。

由表4-2可以看出，其他错误的学习能力对两类研发社群漏洞总数均有显著影响，这其实是可以预见的，因为其他错误特征指的是暂时未能明确的漏洞类型，实质上可能含有多种漏洞特征。由于其他错误特征没有明确的含义，本章对该漏洞特征的表现不做深入讨论。

对于专有软件研发社群而言，输入验证错误的学习能力对漏洞总数有显著影响，且系数为正。也就是说，如果输入验证错误的学习能力增强，导致该类型漏洞当前时期数量减去上一时期数量的值有所减小，这会显著减少当前时期的漏洞总数。为了更直观地表现漏洞特征学习能力对漏洞总数的影响程度，应用公式 $E(y_{it} \lvert X_{it}) = \exp(X'_{it}\beta)$ 计算漏洞总数的条件均值。结果表明假设其他漏洞特征学习能力不变，当输入验证错误学习能力增强导致该漏洞特征的漏洞数量变化减少1个时，当前时期的漏洞总数将减少1.0133个。如果企业持续学习，并不断改进漏洞特征可使总的漏洞数量减少，质量不断提升。

同理，对于开源软件研发社群而言，边界条件错误、设计错误和意外情况错误的学习能力对漏洞总数有显著影响。对于边界条件错误特征而言，每减少 1 个漏洞数量变化，当前时期的漏洞总数将减少 1.0286 个；对于设计错误特征而言，每减少 1 个漏洞数量变化，当前时期的漏洞总数将减少 1.0251 个；对于意外情况错误特征而言，每减少 1 个漏洞数量变化，当前时期的漏洞总数将减少 1.0307 个。如果持续改进总漏洞数将不断减少，并且改进质量的速度总是大于 1 速度，即某个特征减少 1 个单位，总的漏洞数可减少大于 1 的总漏洞数，总的效果十分显著。

从表 4-2 可知，开源研发社群与专有研发社群具有一定的差异，专有研发社群的漏洞特征相对比较集中，而开源研发社群的漏洞特征相对分散，这说明软件研发团队的性质决定了安全漏洞特征的差异。对于专有软件团队而言，他们的目标与利益高度一致，而开源研发社群虽然目标一致，但是参与项目的人都有自主独立性，自由度相当高，大方向一致就行，这导致在质量要求上没有专有研发团队的严格要求及对质量理解的共识。由此，开源研发社群的产品会反映出更多的安全漏洞特征。总之，我们关注这些错误特征的学习，软件质量能显著改善，统计结论支持了理论假设 1a。

4.2　对研发社群的启示

随着 IT 产业的高速发展，漏洞披露数量也急剧上升，研发社群迫切需要高效地减少漏洞总数，但由于成本的限制，不可能对所有漏洞特征进行完全地学习，因此，集中资源对重要的漏洞特征进行学习，优先对能显著影响漏洞总数的关键漏洞特征进行学习，可快速获得低成本的学习和高水平的质量。

专有软件研发社群应特别关注输入验证错误，提高该漏洞特征的学习能力，从而减少漏洞总数，改善软件质量。具体来说，专有软件研发社群一般按照软件生命周期进行软件开发，开发模式比较紧密，有严格的计划与流程，而出现输入验证错误是因为对用户输入没有做充分的检查过滤就用于后续操作，因此，专有软件研发社群应该有针对性地在软件开发的架构与设计、编码实施、测试阶段上加大研发投入。

架构与设计阶段：

- 额外加入一个输入的验证框架；
- 了解并验证所有可能的不被信任的用户输入情况，包括各种参数或变量、从网络中读取的任何内容、环境变量、查询结果、请求表头、URL组件、电子邮件、数据库以及任何向应用程序提供数据的外部系统；
- 确保在服务器端可以复制在客户端执行的任何安全检查，以避免攻击者通过执行检查修改参数或者完全删除客户端检查来绕过客户端检查。

编码实施阶段：

- 假设所有输入都是恶意的，使用白名单严格规范可接受的输入，拒绝不符合规范的任何输入；
- 当程序需要合并多个来源的数据时，不仅在合并前要对单个数据元素进行验证，也要对合并后的数据源进行验证；
- 当调用跨语言边界的代码时，要加强输入验证规则，确保交互使用的语言没有违反使用期望；
- 直接将输入类型转换为预期的数据类型，确保输入值在允许值的预期范围内；
- 在验证之前将输入解码并规范化为程序当前内部的表达形式，确保程序不会无意中对相同的输入进行重复解码，以避免白名单的失效；
- 在组件之间交换数据时，确保两个组件都使用相同的字符编码，并且每个接口上都应用了正确的编码。

测试阶段：

- 使用静态分析工具尽量发现这种类型的漏洞；
- 使用与程序交互的动态分析工具，例如，有不同输入的大型测试套件，理想的结果是即使软件运行减慢，也不会变得不稳定、崩溃或产生错误的结果。

开源软件研发社群应该特别关注边界条件错误、设计错误和意外情况错误，其中意外情况错误特征对漏洞总数的影响程度最大，因此，集中力量提高该漏洞特征的学习能力，能够最有效地减少漏洞总数从而最有效地改进软件质量。具体来说，开源软件研发社群一般采用分布式的开发模式，成员自身可以独立开发，成员之间的交流以互联网为主，而意外情况错误是因为没有检查程序日常运作中极少可能出现的突发情况，因此开源软件研发社群应该有针对性地设置开发要求，促使共同开发过程中成员能够遵守这些原则或优先事项：

• 选择有异常处理特性的语言，迫使不同的开发者预想可能生成的异常条件，需要开发自定义异常来处理不寻常的业务逻辑条件。

• 各部分开发完成后，统一检查所有函数，验证返回值是否符合预期。

• 优先捕获特定的异常，而不是过于一般的异常，尽可能在本地捕获并处理异常，以便异常不会传播到太远的调用堆栈。在可行的情况下避免未经检查或未捕获的异常。

• 确保错误信息仅包含对预期用户有用的最小细节，即既能让用户知道错误信息，又不会被攻击者利用增加攻击成功的机会。尤其在捕获异常时，避免记录高度敏感的信息。

• 如果程序被攻击后不得不崩溃，确保程序会正常中止运行，在内存不足的情况下，攻击者可能在程序完全退出之前获得控制，或者不受控制的故障可能导致与其他下游组件发生级联问题。

软件安全漏洞产生的原因是非常复杂的，有针对性地学习对快速改善软件质量有非常重要的理论与现实意义，作者虽然针对这些漏洞特征如何改进提出了一点建议，但不够深入，当今软件开发是一个团队协同作战的结果，任何一个环节出现问题都可能产生软件漏洞，虽然许多软件开发企业和学术团队都希望找到一个好的软件开发模型，以规避曾经出现的安全漏洞，但是多年的实践告诉我们无法做到，然而，减少软件研发常见的安全漏洞是可行的，这是本书研究的出发点和初心。

软件开发不论是开源还是专有团队，其开发模型不同出现的软件错误会有差异，而对于软件过程的可视化是提升软件质量的一个重要手段，可视化的过程意味着对问题的可追溯，对问题产生的原因可以有较为深入的理解，同时使避免类似错误重复产生成为可能。因此，业界普遍认同过程与结果是高度相关的，好的过程会产生好的结果，如果研发过程不规范，生产出的东西其质量就不会稳定。在软件研发团队中强调研发规范是软件质量的保证。虽然，当今有许多软件开发模型的推出，但是多数是通过裁剪 CMMI 来满足对研发过程的规范需求，核心理念应是对开发过程在规范前提下的优化。

------------ 第 5 章 ------------

软件漏洞学习与风险

关键安全漏洞的识别和学习是改善软件应用风险的重要环节，针对现有数据，我们需要对不同时期的安全漏洞带来的安全风险进行综合评价，寻找不同等级的漏洞数量对企业软件产品的综合应用风险的关键学习漏洞特征，以及企业改进应用风险的关键学习漏洞特征。

5.1 影响漏洞风险的关键漏洞特征

软件安全漏洞会带来软件的应用风险，风险越高可能带来的软件破坏性越大，因此，厘清关键安全漏洞特征如何影响应用风险的机理是本章要解决的重要问题，这个问题的厘清对我们更好地理解所关注的漏洞特征如何产生应用风险有非常重要的现实意义。

5.1.1 漏洞风险状态的确定

将当前时期的漏洞风险作为学习成果，研究各个漏洞特征的学习能力与学习成果的关系。漏洞风险是指由于漏洞被攻击对软件用户带来的潜在损害程度。事实上，尽管许多文献研究如何合理地评估漏洞风险，但漏洞风险本身是难以被准确量化的，因为漏洞是否被攻击不仅跟漏洞本身有关，也跟软件的使用环境、使用时间有关，而且漏洞对用户带来的损失往往无法用简单的经济利益来衡量。CNNVD 用漏洞的危害等级表示漏洞风险，考虑漏洞的访问路径、利用复杂度和影响程度，由高到低把漏洞风险分为

基于漏洞特征学习的软件质量改进机制研究

超危、高危、中危和低危 4 个等级。值得注意的是，CNNVD 的分类方法并不完全客观，本身也是对主观因素进行综合考虑，但对于漏洞风险的相对高低有一定的解释作用，即可认为在其他条件相同的情况下，超危等级的漏洞比高危等级的漏洞会给用户带来更大的损失。

本章统计研发社群在特定时期各危害等级的漏洞数量，尝试通过潜在剖面模型确定研发社群特定时期的漏洞风险状态。漏洞风险无法被准确评估，但研发社群的漏洞风险差异是客观存在的，而这种差异确实体现在漏洞数量在各危害等级的分布情况中。虽然漏洞库里面已经给出了漏洞的危害等级，但是四种危害等级对漏洞的计数可能有很多种取值，而这些不同的取值又可以形成多种组合，大多数情况下无法判断不同组合之间的风险差异。因此，本章综合了漏洞库已有的四种危害等级，通过模型进行分类，以便更好地描述不同风险类型之间的差异，从而能够更有效地捕捉到哪些漏洞特征的学习能够带来什么类型的风险。

根据 CNNVD 中的漏洞特征类型，每类漏洞对软件的风险都有一个分类，但是每期漏洞风险中不同分类的漏洞特征组合具有什么危害，其风险有多大，需要我们进行科学分类，而分类的目的是为了更好地寻找影响不同类型风险的关键安全漏洞特征，为我们更好地规避某类风险提供学习指导。本章以各个危害等级的漏洞数量为分类因子，采用潜在剖面模型对数据集进行分类，根据各个类别在各危害等级漏洞数量的表现对各个类别进行描述。对专有软件研发社群抽取 2~7 个类别的模型拟合指标如表 5-1 所示。

表 5-1 专有软件研发社群模型拟合指标

模型	类别数	LL	BIC（LL）	AIC（LL）	Entropy R^2
模型 1	2 – Cluster	– 9182.0817	18481.7645	18398.1635	0.9800
模型 2	3 – Cluster	– 8355.3603	16890.5810	16762.7207	0.9417
模型 3	4 – Cluster	– 7525.5112	15293.1421	15121.0224	0.9432
模型 4	5 – Cluster	– 7295.0215	14894.4220	14678.0430	0.9238
模型 5	6 – Cluster	– 7150.0120	14666.6623	14406.0239	0.9137
模型 6	7 – Cluster	– 7011.1691	14451.2360	14146.3383	0.9074

94

综合考虑模型拟合指标，本章选择模型 3 为最佳模型，即本章认为漏洞风险分为 4 个类别最合适，主要是因为：

（1）模型 3 的 Entropy R^2 值大于 0.9，说明分类准确率足够高；（2）LL 值、BIC 值和 AIC 值在类别数目为 4 时均开始逐渐变缓，说明在模型 3 以后增加类别数目导致模型更优的程度在减少，尽管类别数目更多的模型拟合更优，但优势并不明显；（3）模型 3 相对更多类别数目的模型而言较简洁，类别过于细分难以作出合理解释。

针对分类结果，我们对分类数据进行描述统计，其结果如表 5 - 2 所示。

表 5 - 2　　　　　　专有软件研发社群漏洞风险分类结果描述

	类别 1（Cluster1）		类别 2（Cluster2）		类别 3（Cluster3）		类别 4（Cluster4）	
	均值	方差	均值	方差	均值	方差	均值	方差
低危	0.00	0.00	1.02	1.04	10.96	110.37	0.30	0.21
中危	1.38	1.98	4.15	16.49	50.07	1018.80	12.99	100.33
高危	0.72	0.75	2.43	6.44	23.07	581.57	23.10	478.93
超危	0.15	0.12	0.81	1.28	4.57	43.94	13.74	595.19

对各危害等级漏洞数量均值制作成折线图，以展开分类数据的均值特征，如图 5 - 1 所示。

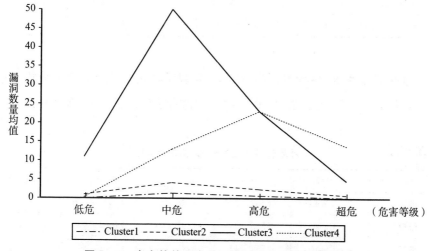

图 5 - 1　专有软件研发社群漏洞风险分类结果均值

结合表5-2和图5-1，对各个类别的漏洞风险状态进行确认。类别1各危害等级漏洞数量的均值均最低，且各危害等级漏洞数量的方差也较小，说明类别1的漏洞风险最低且状态稳定，本章把类别1命名为安全状态，该类别占总数的55.94%；类别2各危害等级的漏洞也较少，但均略高于类别1，而且中危漏洞和高危漏洞的方差较大，说明类别2的漏洞风险仍处于较低水平，但中危漏洞和高危漏洞有增大的趋势，本章把类别2命名为潜伏状态，该类别占总数的21.78%；类别3的低危、中危、高危漏洞较多，方差较大，但超危漏洞较少，说明相较于类别2而言，类别3的低危、中危、高危漏洞有明显的增加，而且仍保留增大的趋势，但中危漏洞仍然最多，而超危漏洞处于较低水平，本章把类别3命名为激发状态，该类别占总数的12.48%；类别4的高危、超危漏洞较多，方差较大，说明类别4的漏洞风险处于较高水平，且高危漏洞和超危漏洞有增大的趋势，本章把类别4命名为危险状态，该类别占总数的9.80%。最后对各类风险的差异进行汇总如表5-3所示。

表5-3　　　　　　　　　　　　风险状态确认过程

类别比较	相同点	不同点
类别2较于类别1	各等级漏洞数量均值较低	中危、高危漏洞方差较大
类别3较于类别2	中危漏洞数量均值最大	各等级漏洞数量均值较高
类别4较于类别3	各等级漏洞数量均值较高	高危漏洞数量均值最大

对开源软件研发社群与专有社群的漏洞风险状态进行同样的分析与讨论，抽取2个~7个类别的潜在剖面模型拟合指标如表5-4所示。

表5-4　　　　　　　　　　开源软件研发社群模型拟合指标

模型	类别数	LL	BIC（LL）	AIC（LL）	Entropy R^2
模型1	2 – Cluster	– 6502.9273	13128.0576	13039.8546	0.9715
模型2	3 – Cluster	– 5505.3985	11197.6957	11062.7970	0.9461
模型3	4 – Cluster	– 3729.4423	7710.4790	7528.8845	0.9313

模型	类别数	LL	BIC（LL）	AIC（LL）	Entropy R^2
模型 4	5 – Cluster	– 3289. 4701	6895. 2304	6666. 9403	0. 9379
模型 5	6 – Cluster	– 2728. 4786	5837. 9430	5562. 9572	0. 9465
模型 6	7 – Cluster	– 2163. 2740	4772. 2296	4450. 5480	0. 9520

由表 5 – 4 可知，开源软件研发社群各模型拟合指标与专有软件研发社群有相似的特点，依然满足选取模型 3 为最佳模型的 3 个理由，因此，仍把漏洞风险分为 4 个类别。分类结果描述如表 5 – 5 所示。

表 5 – 5　　　　开源软件研发社群漏洞风险分类结果描述

	类别 1（Cluster1）		类别 2（Cluster2）		类别 3（Cluster3）		类别 4（Cluster4）	
	均值	方差	均值	方差	均值	方差	均值	方差
低危	0. 00	0. 00	1. 48	1. 74	3. 51	32. 10	0. 80	1. 56
中危	1. 64	1. 79	5. 46	28. 90	13. 61	184. 35	15. 95	393. 60
高危	0. 45	0. 50	0. 92	2. 08	5. 95	91. 73	6. 10	26. 44
超危	0. 00	0. 00	0. 00	0. 00	0. 61	0. 33	7. 66	58. 68

我们利用已有数据对各危害等级漏洞数量均值制作成折线图，如图 5 – 2 所示。

由表 5 – 5 和图 5 – 2 可知，开源软件研发社群漏洞风险的各个分类在各危害等级的漏洞数量均值分布十分相似，取值高的类别的各危害等级漏洞数量均值几乎都更高，这意味着开源软件研发社群的 4 个漏洞风险状态可能有显著的程度差异。

类别 1 的各危害等级漏洞数量均值最低，本章命名为低危状态，该类别占总数的 57.95%；类别 2 的各危害等级漏洞数量均值较低，但都高于类别 1，本章命名为中危状态，该类别占总数的 27.51%；类别 3 的各等级漏洞数量均值都高于类别 1，且除超危漏洞以外其他等级漏洞数量均值都处于较高水平，本章命名为高危状态，该类别占总数的 10.76%；类别

4 除了低危漏洞以外其他等级漏洞数量均值都处于最高水平，本章命名为超危状态，该类别占总数的 3.79%。

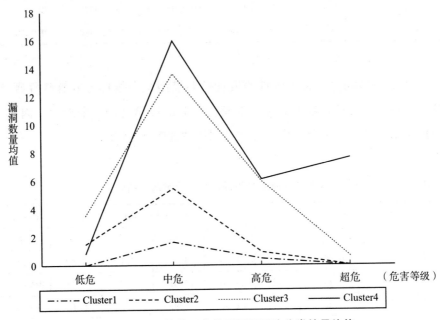

图 5 – 2   开源软件研发社群漏洞风险分类结果均值

5.1.2   关键漏洞特征的识别

（1）两类研发社群风险状态程度差异。根据本章对专有软件研发社群的 4 种漏洞风险状态的描述可知，潜伏状态与安全状态差异不明显，潜伏状态的特征仅表现为漏洞增大的趋势，但各危害等级的漏洞数量与安全状态相似；激发状态与危险状态难以明确比较漏洞风险的相对高低，因为尽管激发状态的低危、中危、高危漏洞数量均较多，但超危漏洞数量较少，而危险状态的超危漏洞数量最多。因此，本章认为专有软件研发社群 4 个漏洞的风险状态没有明确的程度差异。

针对开源软件研发社群的 4 种漏洞风险状态的描述可知，低危、中危、高危状态的差异十分明显，因为这些状态各等级漏洞数量均依次增多。而超危状态除了低危漏洞以外，其他等级漏洞数量都是最多的，基本可以确定该状态的漏洞风险是最高的。因此，本章认为开源软件研发社群 4 个漏洞的风险状态有明确的程度差异。

根据上面的讨论，两类研发社群的 4 种风险状态差异呈现不同的规律，由图 5 - 1 可知专有软件研发社群的 4 种风险状态没有明确的程度差异，由图 5 - 2 可知开源软件研发社群的 4 种风险状态存在明确的程度差异。为了进一步验证以上论述的可靠性，我们对两类研发社群的回归结果进行平行线检验。专有软件研发社群的漏洞风险类别 1 占总数的 55.94%，开源软件研发社群漏洞风险类别 1 占总数的 57.95%，即两类研发社群均表现为较多的较低分类漏洞数，因此，本章使用负 log-log 连接函数（Armstrong，1989），平行线检验如表 5 - 6 所示。

表 5 - 6   平行线检验

模型参数	专有软件研发社群		开源软件研发社群	
	零假设模型	广义模型	零假设模型	广义模型
- 2LL	2142. 254	2108. 626	2189. 629	2179. 756
卡方	—	33. 628	—	9. 873
df	—	18	—	18
显著性	—	0. 014	—	0. 936

专有软件研发社群 P 值小于 0.05，说明无法通过平行线检验，进一步说明漏洞风险状态没有明确的程度差异；开源软件研发社群 P 值大于 0.05，说明各回归方程互相平行，进一步说明漏洞风险状态有明确的程度差异。这个检验为我们后续的分类模型选择提供了选择依据。

（2）风险状态与漏洞特征学习能力的关系。根据表 5 - 6 的平行线检验，我们采用无序 Logistic 回归模型探究专有软件研发社群的 4 种风险状态与漏洞特征学习能力的关系，参数估计值如表 5 - 7 所示。

表 5 - 7   专有软件研发社群无序 Logistic 回归参数估计

学习能力	变量	危险状态	激发状态	潜伏状态
配置错误	V_CONFIG_{it}	0.361	0.050	- 0.043
边界条件错误	$V\_BOUNDARY_{it}$	0.015	- 0.053	- 0.040
输入验证错误	V_INPUT_{it}	0.05 **	0.029	0.018
设计错误	V_DESIGN_{it}	0.001	0.051 *	0.011
竞争条件错误	V_RACE_{it}	- 0.591	0.251	0.113
来源验证错误	V_ORIGIN_{it}	- 0.118	- 0.029	- 0.133
访问验证错误	V_ACCESS_{it}	0.055	- 0.052	- 0.020
意外情况错误	V_EXCEPT_{it}	0.007	0.019	0.006
其他错误	$V\_UNKNOWN_{it}$	0.010	0.021 **	- 0.005
	截距	- 1.816 ***	- 1.643 ***	- 0.955 ***

参照：安全状态

模型拟合信息：- 2LL 卡方统计值 = 54.226（27）***

注：* 表示 $p < 0.05$，** 表示 $p < 0.01$，*** 表示 $p < 0.001$。

由表 5 - 7 可知，输入验证错误学习能力对研发社群处于危险状态相对于处于安全状态的概率比有显著影响。这意味着如果输入验证错误的学习能力增强，导致该漏洞特征当前时期数量减去上一时期数量的值有所减小，这会显著减少研发社群处于危险状态相对于处于安全状态的概率比，也就是说提高输入验证错误的学习能力，有助于避免研发社群从安全状态转移到危险状态。同样道理，提高设计错误的学习能力有助于避免研发社群从安全状态转移到激发状态。研发社群处于潜伏状态相对于处于安全状态的概率比在各个漏洞特征学习能力上都不显著，这个结果可以接受。由表 5 - 2 和图 5 - 1 可知，潜伏状态和安全状态各危害等级的漏洞数量均值和方差的差异都不大，事实上根据本章对这两种状态的描述，潜伏状态的风险表现与安全状态非常相似，而潜伏状态仅仅是有漏洞风险增大的趋势，因此，没有哪种漏洞特征的学习能够显著区分潜伏状态和安全状态。

针对开源软件研发社群的 4 种风险状态与漏洞特征学习能力的关系，本章采用有序 Logistic 回归模型进行探讨，其模型参数估计值如表5-8所示。

表 5-8   开源软件研发社群有序 Logistic 回归参数估计

变量及系数	系数估计	沃尔德（Wald）	显著性
［风险状态 = 低危］	0.681 ***	222.699	0.000
［风险状态 = 中危］	2.017 ***	680.495	0.000
［风险状态 = 高危］	3.670 ***	515.874	0.000
配置错误	−0.231	0.698	0.404
边界条件错误	0.040	3.006	0.083
输入验证错误	0.016 *	5.386	0.020
设计错误	0.076 ***	21.964	0.000
竞争条件错误	0.117	1.424	0.233
来源验证错误	−0.255	3.636	0.057
访问验证错误	0.111 **	8.117	0.004
意外情况错误	0.065 ***	15.851	0.000
其他错误	0.085 ***	48.258	0.000

连接函数：负 log - log

模型拟合信息：−2LL 卡方统计值 = 82.677（9）***

注：* 表示 $p < 0.05$，** 表示 $p < 0.01$，*** 表示 $p < 0.001$。

由表5-8可知，输入验证错误、设计错误、访问验证错误和意外情况错误的学习能力对研发社群的风险状态均有显著影响，而且系数都为正。这意味着这4类漏洞特征的学习能力增强，导致该漏洞特征当前时期数量减去上一时期数量的值有所减小，这会显著减少研发社群处于较高漏洞风险状态的概率。因此，开源软件研发社群提高这4种漏洞特征的学习能力可以有效地避免由较低的漏洞风险状态转移到较高的漏洞风险状态。

从表5-7和表5-8可知，两类软件研发社区的漏洞特征学习对软件的应用风险控制是不同的，对于专有研发社区的开发通过控制安全状态的风险，同时有针对性的漏洞学习，可以降低其他类型的软件风险。开源社区更多地需要通过关注特定的漏洞特征学习，可避免软件应用风险向更高层次转移。

5.2　对研发社群的启示

为了提高软件产品的安全性能，避免经济上或声誉上的损失，研发社群除了需要高效减少漏洞总数以外，还要了解自身产品所处的漏洞风险状态，通过对漏洞特征的学习，避免向更不利的风险状态转移。同样由于成本的限制，研发社群不可能同等程度关注所有漏洞特征，因此，应该重点关注对漏洞风险状态有显著影响的漏洞特征，集中资源提高关键漏洞特征的学习能力，有效地保持在相对安全的漏洞风险状态上。研究结论支持了理论假设 1b 和假设 2。

对于专有软件研发社群而言，当处于安全状态时，普遍产生较少的漏洞，意味着生产软件的漏洞风险较低；当处于潜伏状态时，虽然漏洞数量不多，但有个别产生较多的中危漏洞和高危漏洞，意味着生产软件的漏洞风险较低，但有增大的趋势；当处于激发状态时，低危、中危、高危漏洞数量明显增加，但中危漏洞仍然最多，意味着生产软件的漏洞风险已明显增大，但漏洞的主要危害等级仍未转移；当处于危险状态时，高危、超危漏洞数量较多且超危漏洞数量最多，意味着漏洞的主要危害等级已转移至超危，生产软件的漏洞风险很高。因此，专有软件研发社群应该尽量避免向危险状态和激发状态转移，重点提升输入验证错误和设计错误的学习能力。

对于开源软件研发社群而言，处于低危、中危、高危、超危状态时研发社群生产软件的漏洞风险依次增大，即当从低危状态依次转移到中危、高危、超危状态时，研发社群生产软件的漏洞风险也在逐渐增大。因此，开源软件研发社群应该尽量避免向更高风险的状态转移，重点提升输入验证错误、设计错误、访问验证错误和意外情况错误的学习能力。

软件的应用风险客观存在，如果发生将会对企业或个人造成巨大的影响，人们不可能由此拒绝使用信息技术，作为软件研发社群如何降低风险也是企业的社会责任，基于过去发现的软件安全漏洞的有效学习对企业来讲是一种低成本的学习方式，对于改进软件的应用风险有积极的理论与现实意义。根据上述讨论，作者针对不同的社群提出了应该关注的学习漏洞，特别提出了如何通过减少关键漏洞产生来降低软件应用向高危风险转移值得企业学习和关注。

从本章的研究可以发现软件安全漏洞特征对软件的应用风险影响不同，而安全漏洞的学习可减少风险，特别是对应的安全漏洞学习好坏可以使软件的应用风险从一种状态向另外一种状态转化，上述模型参数估算告诉我们，安全漏洞学习对降低软件的应用风险具有非常重要的作用。因此，不同类型的软件研发团队应该关注不同的漏洞特征。

第 6 章

基于软件安全漏洞学习的投入与绩效

企业研发投入与绩效的关系研究其结论一直存在争议，对软件研发企业同样存在，虽然，直观来看投入的目的是为了未来的产出或绩效，但是如何提升投入与产出效率，什么因素会影响产出或预期的效果，这些问题值得深入探讨。因此，基于理论和逻辑演绎，必然有一个中介变量的存在，通过它来实现企业的价值。这个中介变量对于高科技企业来说就是智力资本，通过研发投入被激活并实现价值转换。

6.1　数据相关分析

针对不同数据库的数据收集，我们利用 SPSS21 软件对研究变量进行相关性分析，结果如表 6 - 1 所示。从表 6 - 1 中可以发现，企业绩效与智力资本三个维度正相关，与研发投入和安全漏洞学习也呈现显著的正相关。说明软件研发企业的绩效受到多因素的影响，关系资本与绩效关系相关性最大，说明软件产品必须与客户的需求一致，才可能产生价值。客户需求的满足除了科技含量以外，还需要引导需求和挖掘需求，因此，关系资本的投入与改进可研发出与客户关注的产品。而软件安全漏洞的学习，可提升软件质量，开发出用户放心使用的产品。

从 6 - 1 表中我们还可以发现，安全漏洞学习与企业绩效正相关，安全漏洞的学习可以改进软件质量，同时降低软件的应用风险，因此，所研发的软件产品会被大众所认可，同时软件漏洞的学习可以同时促进关系资本与结构资本的效用，减少应急、攻关或安抚客户需要的资本，而节约出来的资本可以投入到开发更多新产品的运作中。

表 6 – 1 研究变量相关性分析

变量	y	$M1$	$M2$	$M3$	x	LV
企业绩效（y）	1	—	—	—	—	—
关系资本（$M1$）	0. 488 ***	1	—	—	—	—
结构资本（$M2$）	0. 480 ***	0. 579 ***	1	—	—	—
人力资本（$M3$）	0. 475 ***	0. 036	0. 032	1	—	—
研发投入（x）	0. 461 ***	0. 783 ***	0. 619 ***	0. 112 ***	1	—
安全漏洞学习（LV）	0. 153 ***	0. 193 ***	0. 115 ***	0. 019	0. 182 ***	1

注：*** 在 0.01 水平（双侧）上显著相关。

软件研发行业是知识密集型产业，它需要人的智力投入，因此，对员工的知识积累要求较高，如果企业有丰富的人力资本，那么通过组织的创新会带来价值转换。员工学习能力越强带来的创新机会就越多。关系资本是组织为了实现产品价值的外部知识积累，包括客户关系的管理与营销技巧等，而结构资本是组织实现产品价值的内部知识积累，它们与绩效具有显著的相关性。根据理论假设的提出，探讨这些变量的逻辑关系，我们利用模型对理论进行检验。

6.2　理　论　检　验

根据研究设计，我们利用 SPSS21 软件对智力资本的中介效应进行检验，同时对组织的安全漏洞学习行为的调节作用进行分析。智力资本具有三个维度，我们需要分别对三个维度进行分析和检验。

6.2.1　中介效应检验

智力资本由三个维度构成，我们根据研究设计对智力资本中介投入与绩效的关系进行检验，表 6 - 2 是利用 SPSS21 软件对变量进行回归后的参数估计。从表 6 - 2 中我们可以发现，创新投入对绩效存在显著影响，这与前人的许多研究观点一致，说明企业的绩效与研发投入高度相关，而一个缺乏研发投入的企业，市场收益不可能持续。当我们把智力资本和研发投入同时带入模型，研发投入不显著影响组织绩效，说明研发投入被智力资本完全中介。假设 3、假设 4 和假设 5 获得检验。

表 6 - 2 　　　　　　　　　　中介效应检验

变量	$y = \beta_1 x$	$M_1 = \beta_1 x$	$M_2 = \beta_1 x$	$M_3 = \beta_1 x$	$y = \beta_1 x + \sum \beta_i M_i$	VIF
关系资本（M_1）	—	0.783 ***			0.318 ***	2.697
结构资本（M_2）	—	—	0.619 ***		0.296 ***	1.686
人力资本（M_3）	—	—	—	0.112 ***	0.457 ***	1.021
研发投入（x）	0.461 ***				− 0.022	2.947
R^2	0.212	0.613	0.383	0.013	0.503	—
F	156.00 ***	893.42 ***	351.02 ***	7.20 ***	142.37 ***	—

注：*** 在 0.01 水平上显著。

软件研发企业的绩效主要来自产品创新，一个有广泛市场的应用软件一定有好的收益，而研发的投入需要与智力资本融合才能获得。研发投入可以改进关系资本，获得广泛的客户需求，而客户需求的理解或需求的挖掘可以开发出更多的产品，实现智力资本的价值转换，应用软件的开发一定来自客户的需求，而客户需求的满足或部分满足是客户消费的前提，它是企业的人力资本、关系资本与结构资本的转换。

从表 6 - 2 我们可以发现，研发投入对企业绩效的影响被智力资本完全中介，说明了智力资本本身已经成为企业非常重要的无形资产，可直接为企业带来价值创造，其结论对知识密集型企业更是如此。当然，智力资本作为企业的重要资源要素如何积累和激活需要深入地研究，这种资本的积累也需要成本，其中利用信息技术来分享这些知识可提升整个研发团队的创新能力。通过回归模型也说明了研发投入与智力资本的关系，最终实现企业绩效。

6.2.2　调节效应

软件企业的安全漏洞学习对软件的应用风险和质量有非常重要的影响，组织学习能力是组织的核心竞争力（王建军等，2016），软件安全漏洞是软件应用发布后被使用者发现的软件缺陷，这类缺陷软件团队通常会通过软件产品的漏洞补丁来进行软件缺陷的修复，由于软件企业的学习能力有限或人力资本的缺乏，软件漏洞的修复或学习有一定的滞后，这种独特的学习能力是软件质量改进的保证。从文献的回顾来看，多数组织学习的研究都隐含了一个假设：学习可以提高组织未来的绩效（Fiol et al.，1985）。软件组织针对性地学习，可以提升组织绩效。表 6 – 3 为检验安全漏洞学习调节研发投入与智力资本的调节效果。

表 6 – 3　　　　　　　　　　中介变量的截距调节效应

变量	关系资本（$M1$）	VIF	关系资本（$M1$）	VIF	结构资本（$M2$）	人力资本（$M3$）
研发投入（x）	0.773 ***	1.034	0.737 ***	1.176	0.619 ***	0.112 ***
安全漏洞学习（LV）	0.052 **	1.034	– 1.905 ***	416.33	0.003	– 0.024
$x \times LV$	—	—	1.965 ***	419.23	—	—
R^2	0.615		0.624		0.383	0.013
F	450.86 ***		312.01 ***		175.20 ***	3.59 **

注：*** 、** 表示分别在 0.01 和 0.05 水平上显著。

从表 6 – 3 可知，由于安全漏洞学习与交互项存在很强的多元共线性问题，对此我们分开讨论。从表 6 – 3 和表 6 – 4 可知关系资本受到漏洞学习能力的正向调节，分别调节截距和斜率，而关系资本和结构资本没有被漏洞学习能力显著调节。企业安全漏洞学习对研发投入与智力资本的不同维度的调节效果不同。假设 6 没有完全获得检验。

表 6 – 4   中介斜率调节效应

变量	关系资本 （M1）	结构资本 （M2）	人力资本 （M3）	VIF
研发投入（x）	0.771 ***	0.617 ***	0.113 ***	1.041
$x \times LV$	0.057 ***	0.008	− 0.004	1.041
R^2	0.616	0.383	0.013	
F	451.82 ***	175.24 ***	3.59 **	

注：*** 、** 表示分别在 0.01 和 0.05 水平上显著。

　　安全漏洞学习对智力资本与企业绩效同样具有调节效果，从表 6 – 5 的回归模型系数来看，安全漏洞学习对组织的绩效有显著的调节作用，说明特定的学习能力能提升软件产品绩效，假设 7 获得检验。关于软件漏洞学习效果对组织绩效的影响研究非常少见，而抽象组织学习对企业绩效的研究有许多，我们对软件研发企业的跟踪研究发现，安全漏洞的学习与组织的人力资本、关系资本的交互项对组织的绩效也存在显著影响，说明漏洞特征的学习融入组织的人力资本中可提升员工对组织的赢利能力，通过对历史错误的学习，能够快速地改正错误，提升软件质量从而获得收益。关系资本与学习能力的交互显著对绩效有正向影响，说明组织在处理对外业务中，通过对产品存在问题的学习，及时更正产品存在的错误，并说服客户，虽然产品存在问题，但基于自己的学习能力，可降低软件的应用风险，使用户相信企业有强大的学习能力，而赢得客户的信任。

表 6 – 5   组织安全漏洞学习调节绩效

变量	标准系数	VIF	标准系数	VIF	标准系数	VIF	标准系数	VIF
关系资本（M1）	0.293 ***	1.542	0.263 ***	1.860	0.262 ***	1.926	0.264 ***	1.926
结构资本（M2）	0.290 ***	1.504	0.291 ***	1.504	0.295 ***	1.923	0.294 ***	1.923
人力资本（M3）	0.454 ***	1.002	0.455 ***	1.002	0.455 ***	1.002	0.425 ***	1.053
安全漏洞学习 （LV）	0.054 *	1.039	− 0.025	3.273	− 0.022	3.481	− 0.048	3.517

变量	标准系数	VIF	标准系数	VIF	标准系数	VIF	标准系数	VIF
$LV \times M1$	—	—	0.104 *	3.867	0.111 *	5.063	0.122 *	5.069
$LV \times M2$	—	—	—	—	-0.012	3.640	-0.016	3.641
$LV \times M3$	—	—	—	—	—	—	0.138 ***	1.075
R^2	0.509		0.509		0.509		0.527	
F	143.89 ***		116.21 ***		96.68 ***		88.85 ***	

注：***、*表示分别在 0.01 和 0.1 水平上显著。

6.3　综合分析与启示

软件企业的研发投入对组织绩效有显著的正向影响，这与多数的文献结论一致，任何企业的目标都是实现价值的增值，要实现这个目标，研发创新是常态，高科技企业尤其如此。但是研发投入如何转换成企业的绩效需要厘清投入的路径。从理论假设到实证检验来看，软件研发投入通过智力资源创造企业绩效，其中，人力资本对绩效的影响最大，这也说明高科技企业的绩效更多地来自人的创造，它与传统制造业不同，它的价值主要来源于无形资产的转换。因此，对于软件企业加大研发投入，激发和激活人力资本的创新，积累更多的智力资本可推动企业的绩效提升。

研发投入的过程是激活智力资本创造价值的过程，通过企业的关系资本运作可以更好地维护客户关系，了解客户需求，实现组织与客户共同创造，而研发与客户共同创造也是互联网思维的落地（李海航等，2014），为企业带来创新源泉，而结构资本是企业正常运营的基础，通过研发的投入并促进结构资本的优化，包括流程的优化与创新，从而生产出高质量的产品。

软件安全漏洞学习是一种定向学习，针对软件出现的缺陷进行有计划的改进，而前人的研究多数基于技术的方法来减少软件漏洞，避免软件产品出现错误，但是软件产品的特点决定了产品漏洞的不可避免，因此，软件漏洞的学习既可以积累企业的智力资本，又能产生更多的组织绩效，软件安全漏洞学习的调节效果应该被软件供应商广泛重视。而快速的漏洞补丁修补机制，反映出软件企业对特定产品问题的学习能力，这种能力与组织的综合学习能力一样对组织的绩效具有显著的影响。

从研究发现软件产品的缺陷学习可以改善软件质量，安全漏洞虽然对软件的应用会带来巨大的影响，但是研发企业只要有针对性地学习，快速改进发现的软件漏洞带来的风险，软件质量才会得到提升。软件产品功能来自人的编码实现，如果研发人员有针对性地学习安全漏洞产生的原因，并快速修补软件缺陷，可以为组织的人力资本获得更高的绩效。这体现在共同学习会产生相应的知识积累并带来价值共创。

————————— 第 7 章 —————————

软件过程优化及质量改进

本章以某公司软件项目为起点，基于对项目历史数据的挖掘，用数据分析来发现问题，寻找影响项目质量及干系人满意度的关键因素，根据关键因素的分析找到开发过程中对项目质量影响较大的问题。以"果"回导出"因"，然后针对这些"因"，我们结合 CMMI、瀑布模型及敏捷开发的特点提出过程改进路径，由此，我们获得了基于历史数据分析的软件过程优化实践。案例的研究为今后其他软件项目如何进行有针对性的分析问题，以及根据公司软件项目特点而量身打造软件过程的改进方案提供参考，同时丰富软件企业的漏洞特征学习理论。

7.1　企业及项目背景介绍

7.1.1　公司背景

T 软件开发公司是 A 集团的全资直属软件开发子公司，负责为 A 集团内部提供软件的开发、维护、咨询及信息安全保护工作。A 集团业务遍布亚洲及太平洋各地区，包括中国大陆、中国香港、中国澳门、中国台湾，新加坡、马来西亚、文莱、泰国、澳洲及新西兰等国家及地区。A 集团自 2010 年从美国 G 集团脱离独立上市以后，业务迅猛发展，截至 2015 年，A 集团总资产较 2010 年上升了 60%，并成为香港恒生指数较大成份股。

2010 年，A 集团从 G 集团脱离独立后，A 集团把 T 公司从集团 IT 总部中独立出来，成为自负盈亏的独立公司，即真正的乙方。集团总部不再对 T 公司特别照顾，T 公司需要面对来自全球的竞争对手，争取来自 A 集团内外的业务，竞争压力大大增加。

7.1.2 项目开发流程简介

T 公司在 2000 年通过 CMMI 3 级以及 ISO9001 质量体系认证。软件开发采用 CMMI 下的集团开发标准框架软件开发生命周期（software development life cycle，SDLC）框架。该框架实际上与软件开发生命周期中的瀑布模型一致。它对项目开发的各个生命周期进行了一系列的具体任务描述，从而对软件开发过程进行管理。

SDLC 把项目开发分成 7 个阶段：初始（initiation）阶段、需求分析（requirement specification）阶段、系统设计（design）阶段、构建（construction）阶段、系统测试（system testing）阶段、用户验收测试（UAT）阶段以及上线（deployment）阶段。

（1）初始阶段。这一阶段的主要任务：根据客户提交的 IT 工作需求申请（IT work request form），进行项目立项、评估财务影响、判定业务需求范围、评估项目风险和局限性、制定项目计划，以及进行风险评估。

这一阶段的输出有（见图 7 – 1）：高层次的成本及进度估算、财务影响评估表、项目立项书、风险登记册。参与这一阶段的人员主要有客户及项目经理，客户提交的 IT 工作需求申请，说明大致的项目需求范围。项目经理和各方沟通，了解项目的影响，为项目获得所需的资源进行高层次的估算，申请项目编号及准备项目立项书。项目立项书的完成，标志着可进入下一阶段。

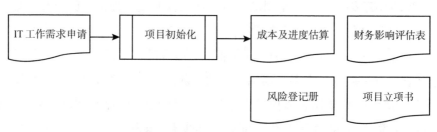

图 7 – 1　初始阶段的输入和输出

（2）需求分析阶段。这一阶段的主要任务是进行客户需求的理解和系统功能的确认。这一阶段的输出有（见图 7-2）：业务需求说明书（business requirement document）和系统功能说明书（functional specification）。

参与这一阶段的人员主要有客户、项目经理、业务分析员（business analyst）及系统分析员（system analyst）。业务分析员根据客户的 IT 工作需求申请，细化客户的业务需求，编写基于业务角度的业务需求说明书。系统分析员根据业务需求说明书，编写面向软件开发人员的系统功能说明书。项目经理及客户对输出进行审核。系统功能说明书通过客户的审核，标志着可进入下一阶段。

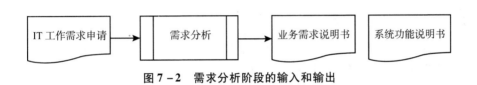

图 7-2　需求分析阶段的输入和输出

（3）系统设计阶段。这一阶段的主要任务是从技术上研究如何实现系统功能说明书的功能、进行高层次的系统架构设计、功能实现方式设计及数据结构设计等。这一阶段的输出有（见图 7-3）：系统设计说明书（design specification）。

参与这一阶段的人员主要有系统分析员及项目经理。系统分析员进行系统的实现设计，项目经理进行审核。系统设计说明书通过项目经理的审核，标志着可进入下一阶段。

图 7-3　系统设计阶段的输入和输出

（4）构建阶段。这一阶段的主要任务是系统编码及单元测试。这一阶段的输出有（见图 7-4）：程序设计说明书（program specification）、程序代码、单元测试计划等。

参与这一阶段的人员主要有开发人员及项目经理。开发人员根据系统设计说明书的内容，对程序设计说明书进行详细地编写、进行程序开发编码及针对程序代码进行单元测试。项目经理对过程进行进度及成本的监控，并对各种输出进行审核。单元测试计划完成并通过项目经理审核，标志着可进入下一阶段。

图 7-4　构建阶段的输入和输出

（5）系统测试阶段。这一阶段的主要任务是对所开发的产品进行功能测试。这一阶段的输出有（见图 7-5）：功能测试计划、发现问题列表等。

参与这一阶段的人员主要有测试人员、开发人员及项目经理。测试人员根据系统功能说明书的内容，对产品进行覆盖每个功能点的功能测试。开发人员对测试中出现的问题进行修复。项目经理对输出进行审核。功能测试计划完成并通过项目经理审核，标志着可进入下一阶段。

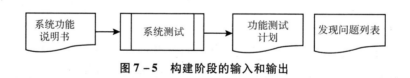

图 7-5　构建阶段的输入和输出

（6）用户验收测试阶段。这一阶段的主要任务是用户对产品进行上线前的测试。这一阶段的输出有（见图 7-6）：验收测试计划、发现问题列表、验收测试证书等。

参与这一阶段的人员主要有验收测试环境维护组、客户、开发人员及项目经理。验收测试环境维护组对产品代码进行验收测试环境迁移。客户根据系统功能说明书内容，对每个功能点进行测试。开发人员对测试中出现的问题进行修复。项目经理对修复进行审核再提交客户测试。验收测试完成证书的发布，标志着可进入下一阶段。

图 7 - 6　用户验收测试阶段的输入和输出

（7）上线阶段。这一阶段的主要任务是进行产品的生产环境迁移，各种上线文档（如用户手册，系统安装手册，客户培训计划）的准备、客户培训等。这一阶段的输出有（见图 7 - 7）：用户手册、安装操作手册、培训计划、上线完成确认书等。

参与这一阶段的人员主要有生产环境维护组、客户、开发团队。开发团队准备各种上线文档。生产环境维护组对产品代码进行生产环境迁移。客户对生产环境进行最终确认。上线完成确认书的输出，标志着系统的开发过程正式结束，进入维护阶段。

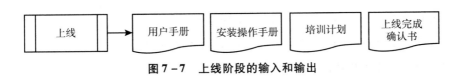

图 7 - 7　上线阶段的输入和输出

SDLC 开发过程和瀑布模型是一致的，包括瀑布模型中的需求分析、系统设计、系统编码、测试及上线的所有阶段，如图 7 - 8 所示。

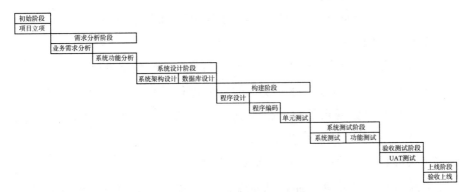

图 7 - 8　SDLC 瀑布模型开发过程

7.1.3 项目介绍

P 系统是 A 集团内部的通用项目管理系统。A 集团至今有 11 个地区的公司使用该系统进行项目创建、监控和管理。项目客户包括集团总部、中国大陆、中国香港、中国澳门、中国台湾、马来西亚、新加坡、澳洲、新西兰、韩国和泰国等地区分公司。项目开发和维护团队的鼎盛时期超过 10 人，目前，由 3～4 人组成，全部为超过 10 年工作经验的资深开发人员，其中一名成员为项目经理。另外在 PMO 那边，还有一名兼职 BA，负责客户需求的收集，客户与开发团队间的信息传递和工作任务优先级排序。项目的开发流程遵从公司的 SDLC，即瀑布开发模型。系统的业务包括项目的创建、项目预算制定、项目审批、WBS 创建和资源分派、员工工作数据录入、各种监控报表生成、综合信息维护等。2012 年 9 月，P 系统取代有 20 年使用历史，存在于大型主机上的业务系统，正式成为集团通用的财务账单系统，为各公司提供每月账单计算及输出，并和集团的上层财务系统 SAP 产生接口。而各公司的财务人员也开始逐渐成为 P 系统项目的主要需求提出者。图 7 - 9 为系统业务的功能流程。

P 系统根据功能，分为以下几个模块，分别如下：

项目信息模块（project）：建立和维护项目的基本信息和状态，如项目名称、项目预算、规模、项目经理、客户成本中心（cost center）、项目类型等项目级别的信息。

计划模块（planning）：对项目进行 WBS 的设置、进度计划、安排资源、监控工作的进度。

实际工作录入模块（entry）：员工对每天的实际情况进行工作量录入。

账单模块（billing）：对所投入的资源进行计费、生成财务账单及报表，并上传账单数据到集团 SAP 系统。该模块作为最迟加入到 P 系统的模块，于 2012 年 9 月开始设计实施。

报告模块（report）：生成各种项目管理报告。

系统基础信息模块（house keeping）：系统管理员对系统的基础数据进行设置。包括员工信息、职级及对应收费标准、客户公司信息、收费中

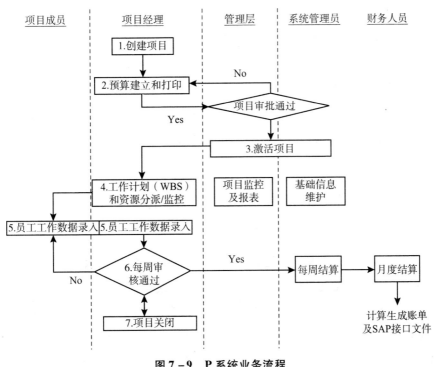

图 7-9 P 系统业务流程

心、各种税率计算公式、月结日期等。

其他（other）：不属于任何一个业务功能的内容。如操作菜单、网站布局框架等。

7.1.4 P 项目的问题及解决思路

随着系统里的财务功能的增加，开发人员越来越感到项目开发过程混乱，经常被大量"很急"的问题打乱正常工作计划，认为过程管理不靠谱，从而产生怨言。而客户感觉他们认为"很重要"的事情没被做好。客户和开发人员对项目的满意度都不高，如何改变现有状态已成为研发团队的关键问题。

通过阅读大量的软件过程改进相关文献，发现多数文献都是从技术或理论的角度去考虑过程裁剪、多种方法及模型相结合的可能性探讨，多数是基于企业层面的设计。过程改进主要是源自对各种方法和开发模型的优缺点的罗列，如何基于企业的特点从理论上论证不同软件取长补短的可行性，然后再选取试验性项目去实践证明其有效性就显得更加重要。通常我们会根据项目的特殊性及影响质量问题的关键因素出发去提出过程改进，这种从因到果，对项目的自身特殊性针对力度都不强。而 IBM 正交缺陷分类（Orthogonal Defect Classification，ODC）的分析方法，可以从果反推到因，根据 ODC 的方法寻找产生果的因，来构建软件过程。

7.2　研究数据的采集

根据 CMMI 的要求，凡是通过 CMMI 2 及以上认证的公司都要执行过程域"过程和产品质量保证"。而缺陷跟踪系统就是支持这个过程域的重要工具。P 系统作为 A 集团通用的项目管理系统，内嵌了问题记录和跟踪模块功能（Problem Investigation Request，PIR）。该功能实际是由一般的缺陷跟踪系统扩展而来。在一般的缺陷跟踪系统中加入了对于需求变更的记录。因为公司认为，需求变更和程序质量缺陷一样，都是影响项目开发的重要问题。而在一定程度来说，其实需求变更也属于质量问题，即需求质量问题，或客户没想清楚需求，或项目组没有很好地引导客户提出的需求，或项目组对需求理解不充分等，这些问题的记录能为研发过程的可视化提供支持。

7.3　数据特征及定义

PIR 的主要功能为所有问题定义了一套属性，公司所有项目在开发过程中发现的问题都用同一套定义标准进行描述。表 7 - 1 是 PIR 的属性说明以及相关属性是否被相关文献证明能否用于 ODC 正交分析（Butcher，2002），具体内容如表 7 - 1 所示。

表 7 - 1   PIR 属性及其定义

属性名称	属性说明	属性取值范围	ODC 分类属性	已证明能用于 ODC 分析
项目号（project）	发现问题的项目	项目 ID 和名称	—	—
问题编号（PIR No.）	问题的唯一识别，根据 ID 可以追溯到相应的问题	唯一的号码	—	—
问题摘要（problem topic）	对问题的简单描述	文字	—	—
状态（status）	问题当前所处的状态	新录入（new） 已分派（assigned） 推迟（postponed） 已分析（investigated） 已解决（resolved） 已验证（verified） 失败（failed） 已关闭（closed） 拒绝（rejected）	—	—
详细说明（problem description）	对问题的详细描述	文字	—	—
分析及解决方案（analysis & solution）	如何解决发现的问题	文字	—	—
严重程度（severity level）	从问题的破坏力去分类	系统崩溃（system crash） 大问题（major problem） 小问题（minor problem） 轻微（trivial） 没有问题（not a problem）	—	是
处理优先级（priority level）	处理问题的优先级，主要侧重于对问题处理的紧急程度	危急（critical） 高（high） 一般（medium） 低（low）	—	是

续表

属性名称	属性说明	属性取值范围	ODC 分类属性	已证明能用于 ODC 分析
发现问题的阶段（reported stage）	问题是在开发过程哪个阶段发现的	需求阶段（requirement） 设计阶段（design） 构建阶段（construction） 系统测试阶段（testing） 用户验收测试阶段（UAT） 生产环境（production）	是	是
引入问题的阶段（introduced stage）	问题时由开发过程哪个阶段引入的	需求阶段（requirement） 设计阶段（design） 构建阶段（construction） 系统测试阶段（testing） 用户验收测试阶段（UAT） 生产环境（production）	是（与ODC中的缺陷目标相似）	是
问题范畴（problem category）	属于哪个范畴的问题	需求变更（requirement change） 缺陷（defect）	—	—
问题类型（problem type）	问题的具体类型，作为"问题范畴"的细分	当问题范畴是"需求变更"时： 新需求（new requirement） 需求改变（requirement change） 当问题范畴是"缺陷"时： 配置错误（configuration） 边界条件错误（boundary condition） 环境/打包/版本控制错误（environment/package/version） 输入验证错误（validation） 设计错误（design） 竞争条件错误（competition） 访问验证错误（access） 赋值/初始化错误（assignment/initialization） 功能错误（function） 依赖错误（relationship） 算法错误（algorithm）	是	是
功能模块/子系统（module/subsystem）	问题所在的模块，不同的项目可定义各自的功能模块	系统基础信息模块（house keeping） 计划模块（planning） 账单模块（billing） 报告模块（report） 实际工作录入模块（entry） 项目信息模块（project） 其他（other）	—	是

续表

属性名称	属性说明	属性取值范围	ODC 分类属性	已证明能用于 ODC 分析
问题提交者（submit by）	提交问题的人员	文字	—	—
问题提交日期（submit date）	提交问题的日期	日期	—	是
被指派人员（assign to）	被指派分析/修复问题的人员	文字	—	—
期望完成日期（expected completion date）	提出问题的人员期望问题被修复的期限	日期	—	—

以上 PIR 属性中有一部分属性选项容易引起人为偏差。为了避免不同人员对程度的标准把握偏差太大，公司的软件工程过程小组（Software Engineering Process Group，SEPG）对这些属性的选项给出了进一步的具体定义。针对公司软件出现的问题我们有对应的定义，其目的是防止软件风险导致的系统停止工作或被外人的恶意攻击，表 7 - 2 为属性"问题严重程度"的可选项定义。

表 7 - 2　　　　　　　　　"问题严重程度"的可选项定义

问题严重程度	标准说明	
	缺陷	需求变更
系统崩溃	系统崩溃或造成数据丢失无法修复	—
大问题	功能无法使用，但没崩溃；财务计算出错；导致业务功能主线无法进行	涉及功能点多于 10 个；涉及对外的报表，信函；复杂的内部报表；涉及复杂的处理逻辑，大于 5 个

续表

问题严重程度	标准说明	
	缺陷	需求变更
小问题	功能能使用，但逻辑出错； 非财务计算结果出错	涉及功能点大于 5 个小于 10 个； 涉及较复杂的处理逻辑，大于 1 个小于 5 个
轻微问题	轻微错误，不影响使用	涉及的功能点小于 5 个； 涉及简单的处理逻辑，小于 1 个
不是问题	并没有问题，沟通后可以不作修改	并没有问题，沟通后可以不作修改

为应对出现的问题，我们定义如何处理及处理的级别，防止由于时间的拖延导致的更大的问题出现。具体属性"处理优先级"的可选项定义如表 7 - 3 所示。

表 7 - 3   **"处理优先级"的可选项定义**

处理优先级	标准说明
危急	马上处理，而且在短时间内处理
高	尽快采取行动，时间比较紧迫
一般	排队处理，不需要特别关照
低	影响很小，做完其他的再处理

为出现问题的具体形式，具体问题分类公司有自己的定义标准，因此，作者结合国家漏洞数据库的漏洞特征定义和公司的具体情况重新定义和说明，如表 7 - 4 所示。

表 7 - 4   **"问题类型"的可选项定义**

问题类型	标准说明
配置错误	系统以不正确的设置参数进行安装；系统被安装在不正确的地方或位置
边界条件错误	读取超出有效地址边界的数据；系统资源耗尽或数据溢出

问题类型	标准说明
环境/打包/版本控制错误	主要针对程序迁移出现的错误，如特定的机器或特定的配置下出现的错误，或打包文件错误，或不同版本的文件使用错误
输入验证错误	没有正确识别输入错误；模块接收无关的输入数据
设计错误	由于系统设计或数据库设计而造成的错误
竞争条件错误	两个操作在同一个时间内竞争资源而造成的错误
访问验证错误	读写在其访问权限以外的对象；接受未授权对象的输入
赋值/初始化错误	变量赋值或初始化错误而造成的缺陷
功能错误	因对功能的理解错误而导致预期功能没有实现
需求改变	项目过程中，客户要求改变原有需求
新需求	项目过程中，客户要求新需求
依赖错误	需要调用的程序、类缺失或指向错误
算法错误	程序算法、逻辑、语法上的错误

在 PIR 的属性中，"问题提交年份"（从"问题提交日期"获得），"发现问题的阶段"，"引入问题的阶段"，"处理优先级"，"严重程度"，"问题范畴"，"问题类型"，"功能模块"及"状态"均属于有限取值范围属性。根据分类及存在的问题我们可以对其取值进行编码，以满足 Logistic 回归模型分析对数据的要求。

上述属性的描述符合 ODC 正交分类法中"各阶段一致性及不同产品一致性"的原则。然而属性中的"问题范畴"和"问题类型"语义存在关联性，不符合正交原则中"属性语义之间不存在关联性，各自独立，没有重叠的冗余信息"的正交性定义。但是，"问题范畴"是"问题类型"的大类，"问题类型"对所选"问题范畴"进行细分。为了满足正交原则，作者在两者中选取分得更细的问题类型用于后续的分析研究。另外，"状态"会随着时间的迁移而改变，不是属于问题本身的属性，也排除在分析范围以外。

我们最后选定以属性中的"问题提交年份""发现问题的阶段""引入问题的阶段""处理优先级""严重程度""问题类型"及"功能模块"

这七个属性进行数据分析。七个属性中，包括三个 ODC 定义属性，四个非 ODC 定义属性。虽然 IBM 公司已经给出一套完备的缺陷分类属性，包括八大关键属性和 164 个子属性，但是不同的软件组织的缺陷有着不同的特征，软件组织在应用 ODC 时，可对其改造（陈爱真，2010）。因此，ODC 为软件组织进行缺陷度量提供的是一种思路，并不要求把所定义的分类属性全部纳入。改造后的属性，只要满足正交性且有分析意义，就可以用 ODC 正交分析法对问题信息进行度量分析。上述的三个 ODC 定义属性及四个非 ODC 定义的属性，均已被 IBM 的文献列举用于正交分析中（Butcher，2002）。

公司为了保证员工录入 PIR 的全面性及正确性，设计了一系列的保障措施：第一，公司对所有新入职员工都会进行问题数据录入培训，要求任何影响项目的问题都要录入 P 系统中。尤其是在系统测试、UAT 及生产环境中，如果因为某个问题引起改动而需要进行程序迁移，申请 PIR 号是进行程序迁移的必要前提。第二，由于问题跟踪系统是公司执行过程域"过程和产品质量保证"的一个重要工具，所以 SEPG 的同事会经常对大家 PIR 的录入的完整性和正确性进行抽查，以确保数据的真实性与准确性。

7.4　引起紧急问题的关键因素分析

根据项目组人员经常感觉到的"急"，还有客户认为"很重要"的问题，我们尝试通过构建 Logistic 模型，在 PIR 历史数据中尝试找到对"急"和"很重要"的关键影响因素。在问题追踪系统有一个"处理优先级"的属性。"处理优先级"的"严重程度"区别是：优先级是真正从心态上反映客户或开发人员对某问题的着急程度，即公司提及的"急"和"很重要"。"优先级"和"严重程度"有一定的关系，但不完全等同。如一个严重问题，如果它并不发生在重要或使用频密的功能上，那么它未必是"很急"。

我们以"处理优先级"为因变量，其他六个属性为自变量（因子或协变量），通过构建模型，尝试找出造成"急"的关键因素。由于因变量"处理优先级"的取值为多项分类值，因此，选择多分类项 Logistic 回归模型进行分析讨论。

7.4.1　属性的取值编码

多项分类 Logistic 模型中的变量取值进行编码量化，以便回归分析。鉴于在项目过程中提出新需求以及改变原有需求对项目的影响具有类似性，因此，把问题类型中的"需求改变"及"新需求"合并成"需求变更"并取同一编码值。表 7-5 ～ 表 7-11 为所选取属性的取值编码。

表 7-5　　　　　　　　　"问题提交年份"的取值编码

取值范围	编号
2004 ～ 2015 年	4 ～ 15

表 7-6　　　　　　　　　"发现问题的阶段"的取值编码

取值名称	编号
需求阶段	1
设计阶段	2
构建阶段	3
系统测试阶段	4
用户验收测试阶段	5
生产环境	6

表 7-7　　　　　　　　　"引入问题的阶段"的取值编码

取值名称	编号
需求阶段	1
设计阶段	2
构建阶段	3
系统测试阶段	4

基于漏洞特征学习的软件质量改进机制研究

续表

取值名称	编号
用户验收测试阶段	5
生产环境	6

表 7 – 8　　　　　　　　"严重程度"的取值编码

取值名称	编号
不是问题	1
轻微问题	2
小问题	3
大问题	4
系统崩溃	5

表 7 – 9　　　　　　　　"处理优先级"的取值编码

取值名称	编号
低	1
一般	2
高	3
危急	4

表 7 – 10　　　　　　　　"问题类型"的取值编码

取值名称	编号
配置错误	1
边界条件错误	2
环境/打包/版本控制错误	3
输入验证错误	4
设计错误	5
竞争条件错误	6
访问验证错误	7

126

取值名称	编号
赋值/初始化错误	8
功能错误	9
需求变更（新需求/需求改变）	10
依赖错误	11
算法错误	12

表 7 – 11　　　　　　　　　"功能模块"的取值编码

取值名称	编号
系统基础信息模块	1
计划模块	2
账单模块	3
报告模块	4
其他	5
实际工作录入模块	6
项目信息模块	7

7.4.2　模型、因变量及自变量

回归模型是研究因变量及自变量的依存关系的常用统计分析方法。根据因变量的类型，它可以分为线性回归模型和 Logistic 回归模型。两者的区别在于，普通的线性回归模型的因变量 Y 的取值范围是一个连续的区间，理论上要求服从正态分布（线性、独立、正态、等方差）假设条件。而 Logistic 回归模型的因变量为分类变量，只能取两个或多个的分类值。通过一组变量（即自变量 X_i），采用 Logistic 回归，可以预测一个分类变量出现在某个类的概率值。Logistic 回归模型常用于医学研究，用来获得引起某种病的危险因素或预测病人身上发生某种病的概率。

Logistic 回归根据因变量的分类多少，又可以分为二项分类 Logistic 回归和多项分类 Logistic 回归。顾名思义，二项分类 Logistic 回归的因变量只有两个取值，如男或女。而多项分类 Logistic 回归的因变量具有多个取值，如中国、美国、德国等。

在多项分类 Logistic 回归中，令因变量 Y 有 J 个类别，令第 $j(j=1, 2, \cdots, J)$ 类的发生概率分别为 $\{\pi_1, \pi_2, \cdots, \pi_J\}$，并满足 $\sum_{j=1}^{J} \pi_j = 1$。自变量有 p 个、记为 $X_k(k=1, \cdots, p)$，α_j 与 β_{jk} 分别表示第 j 类的常数项与自变量参数，则多项分类 Logistic 模型可以表示为：

$$\ln\left(\frac{\pi_j}{\pi_J}\right) = \alpha_j + \beta_{j1}X_1 + \cdots + \beta_{jk}X_k + \cdots + \beta_{jp}X_p, \; j=1, \cdots, J-1$$

该等式是以最后一类因变量取值（J）为基线的（当然，也可以按实际选其他类别值为基线），每个反应类别 j 与基线类别 J 间建立回归模型。假设因变量只有两个取值，即 $J=2$ 时，模型只有一个等式：

$$\ln\left(\frac{\pi_1}{\pi_2}\right) = \alpha_1 + \beta_{11}X_1 + \cdots + \beta_{1k}X_k + \cdots + \beta_{1p}X_p$$

当 Y 取值有 3 个，即 $J=3$ 时，有两个等式，分别是：

$$\ln\left(\frac{\pi_1}{\pi_3}\right) = \alpha_1 + \beta_{11}X_1 + \cdots + \beta_{1k}X_k + \cdots + \beta_{1p}X_p$$

$$\ln\left(\frac{\pi_2}{\pi_3}\right) = \alpha_2 + \beta_{21}X_1 + \cdots + \beta_{2k}X_k + \cdots + \beta_{2p}X_p$$

通过等式变换，我们可以获得各个因变量值的预测概率 π_j 为：

$$\pi_j = \frac{\exp(\alpha_j + \beta_{j1}X_1 + \cdots + \beta_{jk}X_k + \cdots + \beta_{jp}X_p)}{1 + \sum_{h=1}^{J-1} \exp(\alpha_h + \beta_{h1}X_1 + \cdots + \beta_{hk}X_k + \cdots + \beta_{hp}X_p)}, \; j=1, \cdots, J-1$$

从公式可见，π_j 取值的大小受到各个自变量前的自变量参数 β_{jk} 的影响，当自变量参数 β_{jk} 取值显著时，自变量 X_k 就容易对结果 π_j 产生较大的影响力，X_k 即为对因变量 Y 取得 j 值的概率的影响因素。如果 Y 取得 j 值的含义是消极的，如 $j=$ 发病或 $j=$ 不满意时，当 β_{jk} 取值为显著正数，那么 X_k 就可以理解为容易导致不好结果的危险因素。

多项分类 Logistic 回归模型是统计学中用于揭示一组自变量与因变量之间内在联系的有效工具，已被广泛应用于社会统计分析、医学研究、商业数据挖掘等领域，但用于软件的质量管理并不多见。

针对变量的取舍，利用 SPSS 统计软件，选取"处理优先级"为因变量，并以最普遍的取值"一般"作为参照组（见图 7 - 10），对于无序意义的分类变量作为因子放入对应的窗口中，通过模型来研究这些属性的每一个分类值对因变量的影响。这些因子包括：

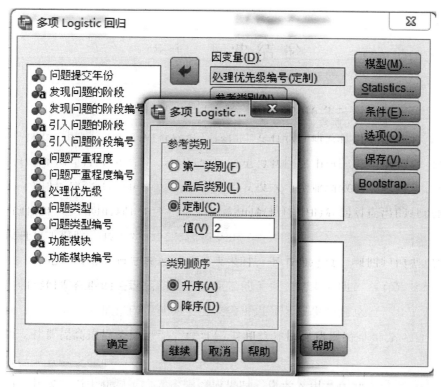

图 7 - 10 模型因变量设置

（1）"问题提交年份"。选取 2015 年作为比较基准（编码中的最后一项）。虽然年份的大小作为日期来说是有顺序意义的。但对于项目开发来说，每一年的项目内容及工作都不同，因此，这里作为无顺序意义的分类变量进行讨论。

（2）"问题类型"。选取程序开发中最常见的"算法错误"作为比较基准（编码中的最后一项）。

（3）"模块"。选取规模，复杂程度及使用频率适中的"项目信息模块"为比较基准（编码中的最后一项）。

在 Logistic 回归模型中协变量可以是连续变量，也可以是有序变量。我们把编码大小有序意义的分类属性"发现问题的阶段""引入问题的阶段""严重性"作为协变量放入 SPSS 应用统计软件对应的窗口中（见图 7 – 11），利用模型分析这些属性取值大小变化时，对因变量的影响。

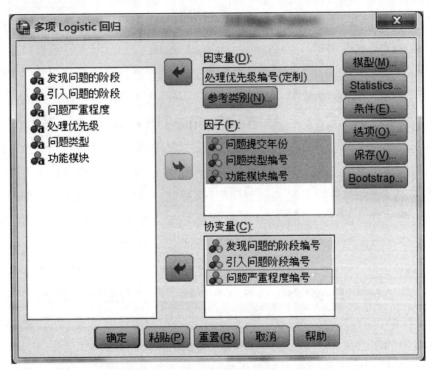

图 7 – 11 模型因子及协变量的选择

7.4.3 模型结果分析

依据上面的输入，SPSS 输出以下的多项分类 Logistic 回归模型参数估计，如表 7 – 12 所示。

表 7 – 12   多项分类 Logistic 模型结果

处理优先级编号[a]		B	标准错误	Wald	df	显著性	Exp（B）
3.0	截距	– 15.961	1.848	74.625	1	0.000	
	发现问题的阶段编号	1.585	0.130	147.913	1	0.000	4.879
	引入问题阶段编号	– 0.844	0.219	14.807	1	0.000	0.430
	问题严重程度编号	2.985	0.349	73.084	1	0.000	19.793
	[问题提交年份 = 4.0]	– 0.954	0.761	1.574	1	0.210	0.385
	[问题提交年份 = 5.0]	– 0.062	0.737	0.007	1	0.933	0.940
	[问题提交年份 = 6.0]	– 0.155	0.690	0.051	1	0.822	0.856
	[问题提交年份 = 7.0]	– 0.364	0.740	0.242	1	0.623	0.695
	[问题提交年份 = 8.0]	– 1.677	0.825	4.128	1	0.042	0.187
	[问题提交年份 = 9.0]	– 0.874	0.637	1.881	1	0.170	0.417
	[问题提交年份 = 10.0]	0.397	0.600	0.438	1	0.508	1.488
	[问题提交年份 = 11.0]	– 0.708	0.760	0.867	1	0.352	0.493
	[问题提交年份 = 12.0]	0.925	0.603	2.354	1	0.125	2.397
	[问题提交年份 = 13.0]	0.168	0.570	0.087	1	0.768	1.183
	[问题提交年份 = 14.0]	0.025	0.584	0.002	1	0.966	1.025
	[问题提交年份 = 15.0]	0[c]	—	—	0	—	—
	[问题类型编号 = 2.0]	0.983	0.578	2.895	1	0.089	2.672
	[问题类型编号 = 3.0]	3.540	0.900	15.478	1	0.000	34.468
	[问题类型编号 = 4.0]	1.147	0.606	3.582	1	0.058	3.149
	[问题类型编号 = 5.0]	1.753	0.601	8.513	1	0.004	5.770
	[问题类型编号 = 6.0]	0.366	0.629	0.339	1	0.560	1.442
	[问题类型编号 = 7.0]	1.297	0.717	3.276	1	0.070	3.659
	[问题类型编号 = 8.0]	– 0.234	0.695	0.113	1	0.736	0.791
	[问题类型编号 = 9.0]	0.892	0.490	3.320	1	0.068	2.440
	[问题类型编号 = 10.0]	1.808	0.581	9.664	1	0.002	6.096
	[问题类型编号 = 11.0]	– 1.703	0.921	3.418	1	0.064	0.182
	[问题类型编号 = 12.0]	0[c]	—	—	0	—	—
	[功能模块编号 = 1.0]	– 1.190	0.423	7.914	1	0.005	0.304
	[功能模块编号 = 2.0]	0.035	0.350	0.010	1	0.921	1.035
	[功能模块编号 = 3.0]	1.423	0.394	13.029	1	0.000	4.148
	[功能模块编号 = 4.0]	– 1.471	0.575	6.549	1	0.010	0.230
	[功能模块编号 = 5.0]	– 17.656	2061.989	0.000	1	0.993	2.148E – 8
	[功能模块编号 = 6.0]	0.624	0.480	1.687	1	0.194	1.866
	[功能模块编号 = 7.0]	0[c]	—	—	0	—	—

续表

处理优先级编号[a]		B	标准错误	Wald	df	显著性	Exp(B)
4.0	截距	−82.436	12.041	46.873	1	0.000	
	发现问题的阶段编号	8.727	1.516	33.122	1	0.000	6166.957
	引入问题阶段编号	−0.565	0.572	0.975	1	0.323	0.568
	问题严重程度编号	8.332	1.158	51.812	1	0.000	4156.698
	[问题提交年份=4.0]	−0.879	1.954	0.202	1	0.653	0.415
	[问题提交年份=5.0]	4.457	3.666	1.478	1	0.224	86.249
	[问题提交年份=6.0]	−5.750	3.596	2.557	1	0.110	0.003
	[问题提交年份=7.0]	−15.149	1344.393	0.000	1	0.991	2.635E−7
	[问题提交年份=8.0]	−16.984	975.503	0.000	1	0.986	4.207E−8
	[问题提交年份=9.0]	−3.266	1.749	3.486	1	0.062	0.038
	[问题提交年份=10.0]	−0.021	2.099	0.000	1	0.992	0.979
	[问题提交年份=11.0]	0.444	2.626	0.029	1	0.866	1.559
	[问题提交年份=12.0]	4.562	2.205	1.282	1	0.139	95.780
	[问题提交年份=13.0]	0.969	1.576	0.378	1	0.539	2.636
	[问题提交年份=14.0]	0.732	1.750	0.175	1	0.676	2.078
	[问题提交年份=15.0]	0[c]	—	—	0	—	—
	[问题类型编号=2.0]	−5.685	4.867	1.365	1	0.243	0.003
	[问题类型编号=3.0]	6.313	2.779	5.161	1	0.023	551.831
	[问题类型编号=4.0]	3.056	2.019	2.291	1	0.130	21.245
	[问题类型编号=5.0]	2.587	1.694	2.332	1	0.127	13.294
	[问题类型编号=6.0]	−0.246	1.850	0.018	1	0.894	0.782
	[问题类型编号=7.0]	−0.714	3.669	0.038	1	0.846	0.490
	[问题类型编号=8.0]	−0.035	1.998	0.000	1	0.986	0.966
	[问题类型编号=9.0]	4.407	1.537	8.223	1	0.004	81.985
	[问题类型编号=10.0]	6.016	1.764	11.633	1	0.001	410.115
	[问题类型编号=11.0]	4.282	2.323	3.397	1	0.065	72.378
	[问题类型编号=12.0]	0[c]	—	—	0	—	—
	[功能模块编号=1.0]	−14.925	517.084	0.001	1	0.977	3.297E−7
	[功能模块编号=2.0]	−0.076	1.647	0.002	1	0.963	0.927
	[功能模块编号=3.0]	8.220	1.599	26.424	1	0.000	3713.188
	[功能模块编号=4.0]	−18.414	752.984	0.001	1	0.980	1.007E−8
	[功能模块编号=5.0]	−19.128	3184.199	0.000	1	0.995	4.928E−9
	[功能模块编号=6.0]	4.272	1.361	9.858	1	0.002	71.654
	[功能模块编号=7.0]	0[c]	—	—	0	—	—

a. 参照种类为：2.0。

b. 计算此统计资料时发生浮点溢位。因此，其值设为系统遗漏。

c. 此参数设为零，因为这是冗余的。

资料来源：SPSS 输出。

从模型看出有序分类变量中对于"问题优先级"取值为"高"或"危急"有显著影响的因素（显著性＜0.05）为：发现问题的阶段（正相关），引入问题阶段（负相关），问题严重程度（正相关）。

无序分类变量中对于"问题优先级"取值为"高"或"危急"有显著正相关（显著性＜0.05，B＞0）的因素为：问题类型中的环境/打包/版本控制错误，设计错误，功能错误及需求变更，功能模块中的账单模块及实际工作录入模块。

此外，我们发现在"问题优先级"取值为"高"或"危急"的区域内，发现年份的数据，2012 年之前的系数取值基本＜0；而在 2012 以后 B 的取值均≥0。说明在 2012 年以后出现的问题中，紧急情况的概率有增加的趋势，但趋势不明显（显著性均＞0.1）。

对整个模型而言，当问题越迟发现，它成为紧急问题的概率越会显著升高；当问题越早引入，它成为紧急问题的概率越会显著升高；当问题严重程度越高，它成为紧急问题的概率越会显著升高；当问题类型为环境/打包/版本控制错误、设计错误、功能错误及需求变更时，它成为紧急问题的概率会显著升高；当问题发生在账单模块及实际工作录入模块中时，它成为紧急问题的概率会显著升高。此外，在 2012 年后，问题出现紧急情况的概率有增加的趋势，但是不显著。

7.4.4 关键影响因素的分布现状分析

通过模型构建，我们获得了对问题紧急程度有显著影响力的因素。如果能抑制这些因素的出现或降低显著因素的数量，就可以减少紧急问题出现的概率。在着手研究如何减少这些因素及降低其取值前，首先需要看看这些因素的数量分布及异常状况。我们通过 ODC 正交分析法，对这些显著影响因素的现状进行统计分析，希望找到当中存在的异常分布，寻找出抑制这些显著影响因素潜在的有效方法。

（1）对"引入问题的阶段"和"发现问题的阶段"进行二维正交分析，来研究抑制这两项显著影响因素下出现的软件错误，如图 7－12 所示。

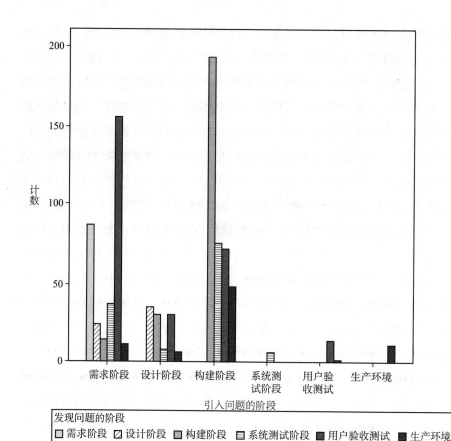

图 7 – 12　"引入问题的阶段"和"发现问题的阶段"的正交分析

资料来源：SPSS 输出。

从图 7 – 12 看出，由需求阶段和设计阶段引入的大量问题，跨越了多个阶段直到在用户验收测试阶段即到用户手上才被发现或提出。说明用户验收测试之前，各阶段对需求和设计方面的问题发现不充分，尤其是需求问题更为突出。需求及设计方面的分布异常，它是典型的早引入晚发现。因此，减少及尽早发现需求和设计阶段引起的问题，成为抑制"引入问题阶段"及"发现问题阶段"这两项显著影响因数的有效手段。

此外，构建阶段引入的问题没有及时解决，用户接收环境及生产环境的数量较多，这是由构建阶段的问题基数太大所决定的。软件开发中编码（构建）方面产生的问题数量多可理解。在构建阶段引入的问题均为编码中产生的各种缺陷，它占有由需求阶段，设计阶段及构建阶段所引入总缺陷数（不包括需求变更）的 60.5%，总体是低于软件开发在构建阶段约 70% 的缺陷引入率的行业基准（Jalote，2002），编码质量总体并不差。从图 7-12 中可知大部分构建阶段引入的问题在构建及系统测试这两个阶段时，在开发团队手上就被发现了，而越往后发现的数量越少，这符合软件研发规律。构建阶段是产生问题类型最多的阶段，把错误阶段引起的问题分配到各个错误类型中去，每种错误类型的数量并不多。

（2）对"问题类型"和"发现问题的阶段"进行二维正交分析（见图 7-13），研究从"问题类型"入手抑制显著影响"发现问题的阶段"的因素。

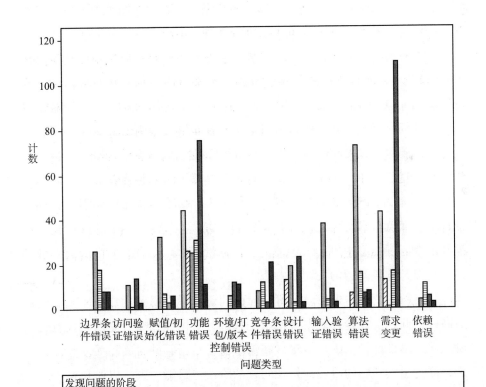

图 7-13 "问题类型"和"发现问题的阶段"的正交分析

资料来源：SPSS 输出。

从图 7 – 13 中看出，不同的错误产生在不同的阶段，通过正交分析发现：环境/打包/版本控制错误、需求变更、功能错误、设计错误、竞争条件错误及访问验证错误这几类问题，在前面阶段的消除率都不够。尤其是需求变更，功能错误和设计错误这三个最突出。而这三个问题，正是主要由需求和设计阶段所引起的问题，它和上一部分的分析内容相呼应。从图 7 – 13 中看到，绝大部分的需求变更在用户验收测试阶段才被提出，这时已经离上线不远了，这时大量的需求变更，对开发团队的压力巨大。而功能错误这个本应该在需求审核及系统功能测试中大量被发现的问题，大量错误流到了用户验收测试阶段，可见，系统功能测试效果十分不理想。设计错误问题，在设计阶段的移除率只有 21%，说明设计阶段的审核很不到位，而且在后面阶段都没有有效的检查和测试，导致接近 40% 的错误推延到了用户验收测试之后的阶段才被发现。

出现在用户验收测试及生产环境上面的环境/打包/版本控制错误这种低技术错误一旦出现就会直接导致测试和使用中断，影响开发团队的整体形象。因而也会导致"紧急"处理。另外，两个在模型中不属于显著影响因素的问题类型：竞争条件错误和访问验证错误也有较高的比例，遗留到了用户验收测试及生产环境中。这两类错误本应该在单元测试中被大量检测到。这说明单元测试，缺少对这两类错误的针对性测试。

构建阶段中产生的问题虽然总体数量多，但当边界条件错误、访问验证错误、赋值/初始化错误、竞争条件错误、输入验证错误及依赖错误分配到多个问题类型中以后，各种类型的数量不多。而且它们中的大部分都不属于引起危急问题的关键影响因素。

综上所述，由需求及设计所引起的问题数量占据了用户验收测试及以后高取值问题发现阶段所发现问题的大部分。因此，减少需求阶段及设计阶段引入的设计错误、功能错误和需求变更数量，并对其相关问题尽早发现，促进引入问题的阶段和发现问题的阶段尽可能一致，以避免错误被发现太迟造成的改正错误成本大幅度的提升。

（3）对"问题类型"及"问题严重程度"进行二维正交分析（见图7 – 14）。研究从"问题类型"入手抑制显著影响"问题严重程度"因素。

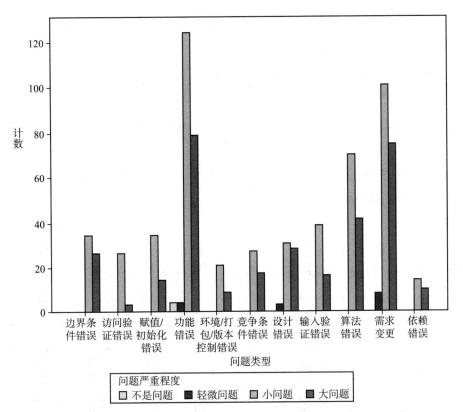

图 7 – 14 "问题类型"和"问题严重程度"的正交分析

资料来源：SPSS 输出。

从图 7 – 14 可见，需求变更、功能错误和设计错误这 3 种错误类型，是产生"大问题"这个严重程度的错误类型，分别排 1、2、4 位。算法错误数量排位虽然也高，但算法错误作为软件开发中最普遍的错误，数量多也是符合软件开发规律的，而且从前面一个"问题类型及发现问题的阶段正交分析中"可看出，大部分的算法错误在构建阶段中被开发团队发现及消除，因此，它在另一个显著因素"发现问题的阶段"中的取值一般不高。但是作为编码范畴的严重算法错误，修复它所需的人力和物力远比修复严重的需求变更、功能错误和设计错误所花费的要小。因此，它对开发团队的压力与另外三种问题相比并不在同一量级上。另一个显著影响因素——环境/打包/版本控制错误引起的严重问题数量其实并不多。因此，约束需求变更、功能错误和设计错误这三类问题，成为约束"问题严重程度"这个显著影响因素的重点。

（4）针对"模块"和"问题严重程度"进行正交分析（见图7-15），研究从"模块"入手抑制显著影响"问题严重程度"因素。

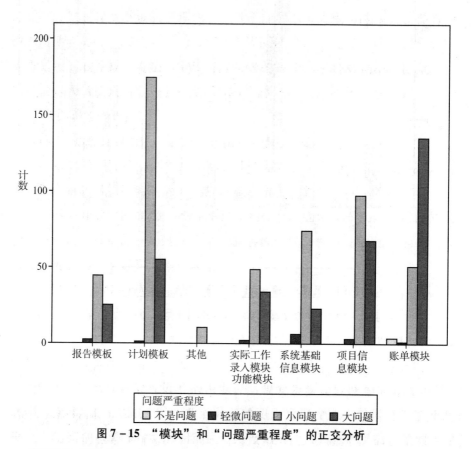

图7-15 "模块"和"问题严重程度"的正交分析

资料来源：SPSS 输出。

从图7-15可见，功能模块中的账单模块，是出现严重问题的重灾区。因此，减少账单模块中的问题数量，是约束"问题严重程度"这个显著因素的有效手段。

（5）取"模块"和"问题类型"进行正交分析（见图7-16），从问题类型入手重点研究控制显著影响"账单模块"及"实际工作量录入模块"因素。

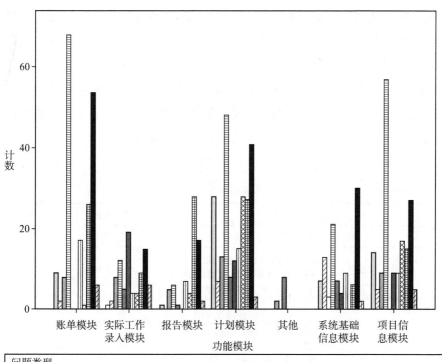

图 7 – 16　"模块"和"问题严重程度"的正交分析

资料来源：SPSS 输出。

　　显然，作为显著影响"账单模块"因素的是需求变更、功能错误和设计错误三类问题。该模块正式出现只有 4 年之久（其他模块都存在了超过 10 年），但其设计错误占据了总设计错误数量的 20%，功能错误占据了总功能错误数量的 34%，需求变更占据了总需求变更数量的 41%。这也说明了为什么在 Logistic 回归模型中，2012 年以后出现的问题成为紧急问题的概率会增大。而增大的显著性并不随着大家的技术熟练程度而变化，它由于技术所引起的其他类型的错误减少，与在账单模块上的需求变更、功能错误和设计错误数量的增加产生了一定的抵消作用。对于另一个作为显著影响因素的"实际工作量录入模块"来说，最多的问题出现在了竞争条件错误上。本研究认为主要原因是多人使用的模块，并发概率大。然而该模块的问题数量和账单模块比，相差甚远。另外从其他不属于显著影响因素的模块中都可发现，设计错误、功能错误和需求变更在当中也占据着较大的比例。

针对上面的讨论，我们做一个小结，表 7 – 13 是对各种在上述分析过程中提及过的问题类型的影响程度及软件错误数量进行的汇总，以便更好地理解软件问题产生的阶段、发现的阶段及关键错误。

表 7 – 13 正交分析结果汇总

问题类型	本身是否显著影响因素	分布异常情况	受其影响的显著影响因数	历史出现概率
需求变更	是	早引入迟发现。由需求阶段的缺漏及考虑不周所造成，超过60%的是在用户验收测试阶段以后才提出，高高占据在验收测试阶段以后发现问题的第一位，引起严重问题的第二位。而且2013年后在账单模块中增长明显	引入问题的阶段，发现问题的阶段，问题严重程度，需求变更，账单模块，实际工作录入模块	高，并在2013年后加速增长
功能错误	是	早引入迟发现。大部分来自对需求的理解错误，需求审核及系统功能测试只能各发现20%和12%的问题，约40%的问题推延到了用户验收测试之后的阶段。占据在验收测试阶段以后发现问题的第二位，引起严重问题的第一位。而且2013年后在账单模块中增长明显	引入问题的阶段，发现问题的阶段，问题严重程度，功能错误，账单模块，实际工作录入模块	高，并在2013年后加速增长
设计错误	是	早引入迟发现。由设计阶段的缺陷做成，设计阶段审核中的移除率只有21%，40%的错误推延到了用户验收测试之后的阶段。占据在验收阶段以后发现问题的第三位，引起严重问题的第四位。而且2013年后在账单模块中增长明显	引入问题的阶段，发现问题的阶段，问题严重程度，设计错误，账单模块，实际工作录入模块	较高，并在2013年后加速增长

续表

问题类型	本身是否显著影响因素	分布异常情况	受其影响的显著影响因数	历史出现概率
环境/打包/版本控制错误	是	所有都在比较靠后的阶段出现，但数量不多	发现问题的阶段，环境/打包/版本控制错误	低
竞争条件错误	否	约60%出现于用户验收测试阶段之后。前面的各种测试对其效果很不明显，大部分出现于"实际工作录入模块"	发现问题的阶段，实际工作录入模块	较低
访问验证错误	否	约60%出现于用户验收测试阶段之后。前面的各种测试对其效果很不明显	发现问题的阶段	较低
算法错误	参照物	分布无异常。在构建阶段产生并大部分在构建阶段中即被移除。占据严重问题的第三位。在账单模块及实际工作录入模块中也占有较高比例	问题严重程度，账单模块，实际工作录入模块	较高

基于表7-13的分析结果，我们把软件研发发现的问题划分为以下四类。

第一类，影响力大且出现频率高的问题：需求变更、功能错误和设计错误。它们本身既作为对紧急问题有显著影响的因素而存在，而且控制它们，又能有效抑制其他的显著影响因素，如"引入问题的阶段""发现问题的阶段""问题严重程度""账单模块"及"实际工作录入模块"。这三类问题数量多，而且影响力大，因此，成为了影响我们项目质量的主要问题。减少这三类问题的数量，及早发现它们，尤其处理好账单模块上面的这三类问题，成为项目组减少紧急问题出现的最重要手段。对于这三类问题，我们可以采取优化对需求和设计的过程、及早发现问题以及降低错误的程度这三个方法进行改进。至于如何改进，本书后面章节将对软件过程进行重点讨论。

第二类，影响力大但出现概率低，同时分布异常的问题：环境/打包/版本控制错误。该问题属于显著影响因素，在比较后的阶段出现。一旦出现，容易形成紧急问题。但它的出现概率较低。引起这类问题的原因比较简单，没有对打包后的文件完整性及正确性进行检验。在下文的过程改进中，我们会优化研发流程，减少这类问题的出现。

第三类，影响力较小且出现频率较低，但分布有异常的问题：竞争条件错误及访问验证错误。它们不属于显著影响因素，而且历史出现的数量并不大。它们本应该在开发团队的单元测试中被发现，却很高比例地留到了用户测试以后才在用户手上被发现，说明在今后的单元测试中要增强并发处理及访问权限验证的测试。在后面的过程改进中，我们会提出对应管理策略。

第四类，具有一定影响力，数量也较多，但分布异常不明显的问题：算法错误。算法错误作为问题属性"问题类型"在模型中的比较参照物，它的显著性介乎于不显著与显著之间。而且它会一定程度地影响显著影响因素"问题严重程度""账单模块"及"实际工作录入模块"。因此具有一定的影响力。历史出现的数量也不少。但它的数量分布符合软件开发的规律，由构建阶段引起，大部分在构建阶段被发现和消灭。按比例计算，只有约10%落到用户验收测试以后的用户手上。由于来自用户方面的压力较少，而且修复较为简单直接，花销相对较低。所以，在实际中，它对于开发团队构成的压力比需求变更、功能错误及设计错误要小。由于这类问题分布较正常，而且涉及开发人员的编码及测试能力，因此，难以在短时间内有所改善。针对这类问题我们不作深入讨论。

7.4.5　主要问题产生的原因

综合上面的分析结果，发现所有在模型中对"紧急"类型问题具有显著影响的因素都受到需求变更、功能错误及设计错误这三类问题的影响。还有大量的设计错误在设计审查中没被查出，遗漏到了后续阶段；功能错误很多从需求阶段已经产生，但逃过了需求审查以及功能测试这两个阶段，转移到了用户验收测试以后；在用户验收测试阶段，需求变更无论在比例还是在数量上都压倒其他问题；Billing账单模块，是这三类问题近几年集中的地方。针对这些主要问题，我们深度探讨产生这些问题的原因，研发团队通过头脑风暴及因果图进行初步分析。

我们把来自业务特性，沟通协调及现有开发过程作为因果图的主枝，组织大家进行头脑风暴，对存在的问题进行分析，列举出所有可能的原因，按不同的分类填入因果图的各个主枝中，制作出因果分析图如图 7 - 17 所示。

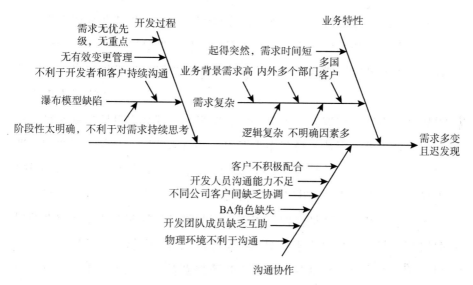

图 7 - 17　需求多变和发现滞后的因果分析

根据图 7 - 17 的因果分析图，我们得到需求多变且发现滞后的原因。

（1）财务方面的需求复杂，而且涉及多个地区公司内外的事务，干系人多且广泛，不明确因素多。因此，耗时长，变化多。想一开始就把需求固定下来难度很大。

（2）财务功能的开发不同于其他功能的开发，它的结束时间是固定的，即项目结束时间由新财年、新月结季度或新财务周期的开始日所决定，所有活动必须在该日前完成。而且开发新财务功能的要求经常由高层决定，项目发起得很突然。正因为项目发起得突然且进度紧，因此，留给需求阶段的时间不多，要等到需求定下来才开工，基本不可能按计划完成。

143

（3）涉及跨部门间的沟通，而沟通不畅，没有统一的协调机制，各自为政。造成这类问题的主要原因有 6 个方面：

• 需求分析是财务人员兼职制作，由于他们手头上各自有自己的本质工作，对于附加工作的关注度不够，只是应付上级派发的任务，他们关注的是本职工作及评估，对新事务缺乏热情。他们对新系统的开发存在拖延及依赖他人的想法，因此，在需求阶段，相关的财务人员都想尽快结束复杂的需求分析，尽快结束这个事项，或期望开发人员帮自己改善，一旦过了和自己有关的需求阶段，更是不闻不问、也不主动跟进。直到在用户验收测试阶段就产生了无可避免的问题，造成重新思考和分析。

• 对于开发人员而言，大家都想尽快开工，追赶进度。一旦需求提出了，便当事情告一段落，潜心于后续的开发上。不会主动花时间去仔细理解需求，进一步引出客户隐藏需求。由于沟通本来就是开发人员的短板，面对复杂的需求及多角度的沟通缺乏经验，有时即使发现了问题，都抱着先做再说的心态。

• 公司缺乏统一协调。由于提出需求的客户在前面阶段缺少与其他兄弟公司的协调和通报，其他兄弟公司经常是在用户验收测试，甚至生产环境中，才发现自己本来用着好好的功能受到了某种新需求的冲突，急忙说他们不需要这种新改动，命令开发项目组把功能改回原样。

• BA（业务分析员）角色缺失。P 系统有一名 BA，一直负责和客户沟通，信息协调和安排工作任务优先级排序的工作。以前 P 系统作为纯项目管理系统时，她的工作非常出色。然而由于该位 BA 对这个领域不熟，针对问题通常采取沉默，因此，只要是与财务有关的需求，她都无法表态，导致她也无法安排优先级，更无法和财务人员进行需求沟通及多客户协调。这使开发团队在需求分析及客户协调方面存在一个大的缺口。

• 开发人员间一直采用按功能分配任务，并各做各的工作方式，缺乏互相协同的思维和眼界去引导客户提出需求，需求工作被动。

• 沟通的物理障碍导致有效沟通的缺失。各个分公司存在地理位置上的不方便，无法面对面地沟通，导致一些问题无法面对面地解决。

（4）需求无序，无优先级。由于上面提及无人进行任务协调，因此，无论客户和开发人员，都没有明确的开发优先级的概念。客户提出一堆粗略的需求，导致做需求的效率和质量不高，无法保证重要需求的质量。而这些重要需求一旦到用户验收测试阶段才会提出，由此形成了紧急问题。而开发团队面对超过自身工作量的需求，工作重点又不清晰，导致本来已经缺乏的资源不能放在重点工作内容上。

（5）瀑布模型的特点决定了在需求阶段之后到用户验收测试阶段之前这几个阶段为开发组的内部开发阶段，在一定程度上形成项目组与客户接触的"真空期"，减少了双方的沟通，导致大量的需求问题直到用户验收测试阶段才被引出。瀑布模型是建立在需求可预测的前提上，显然已无法适应当今需求复杂多变的环境。

（6）财务功能的重要性及管理层纵容。由于财务账单功能的重要性和不可或缺性，以往每当财务客户强硬提出需求变更，管理层都必定批准，开发团队完全没有说"不"的余地。久而久之，财务人员对需求阶段的需求确定更加不放在心上。而由于功能重要性及管理层的偏护，想通过严管需求变更的手段去限制他们进行需求变更的可行性基本上不可能实现。

用同样的因果分析方法，我们也获得了和功能理解及设计错误相关原因。其主要关键问题如下：

（1）开发团队无财务背景，对财务业务不熟。P 系统本来是项目管理系统，项目成员对公司的项目管理流程及项目管理业务较熟悉。然而成员却毫无财务背景，对财务知识及公司的财务业务一窍不通。而财务员工也无 IT 背景。大家的工作语言不同，导致需求的沟通很多时候是通过脱离业务背景的生硬公式或特例进行的。没有财务背景的开发人员，经常会对客户的需求产生错误的理解。

（2）沟通技能是开发人员的短板，而且面对多地区的客户，开发人员英语能力的相对弱势导致沟通效果大打折扣。

（3）由于开发经常发起突然，而且客户需求数量多且无优先级，留给开发人员理解需求的时间不足且精力分散，对需求尤其是重要的需求理解不充分，导致理解错误。

基于漏洞特征学习的软件质量改进机制研究

（4）由于开发人员对财务业务不通，所以，即使需求理解与客户实际要求有偏差，内部审核的时候都难以发现。

（5）开发人员自己谈需求，自己编程、自己测试。自己的功能理解错误要靠自己去发现，在功能测试阶段也难以靠开发人员自己写出全面覆盖客户要求功能点的功能测试点。

（6）瀑布模型的阶段性特点使得离开需求阶段以后，大家很少就需求进行继续讨论。开发人员对需求的理解错误一直得不到及时纠正，拖到用户验收测试时才被客户发现。

（7）瀑布模型不同阶段间基于文档驱动、文档的编写以及阅读过程中容易造成信息的丢失或理解错误。

（8）客户对需求说明书的审核不严。根据以往经验，很多后来觉得有明显错误的需求说明，客户都通过了审核。由此，看出客户审核功能说明书并不认真，甚至在某些时候，可能没有看过就批了。

系统设计错误产生而且推迟被发现的主要原因如下：

（1）由于对要实现的功能理解不充分甚至错误，造成系统设计不能真正地满足需求。

（2）需求多变，导致系统设计改来改去，改多错多。

（3）项目时间紧，需求多且无优先级。面对数量大于自身工作量的需求数目，搞不清哪些要先做，哪些能缓一缓，导致开发人员心理压力大甚至产生负面情绪。在设计阶段用数量来换质量，甚至系统设计只是走走过场，设计还没做好就直接开始编码。

（4）在作为纯项目管理系统的时候，由于大家经验充足，分配任务都是一人负责一部分。大家对于自己负责的功能开发都是由头跟到尾，所谓自编自导自演。项目成员之间缺乏沟通和相互学习，对每一阶段成果要进行交叉审阅的要求也成为摆设，即使做也只是做个样子。但由于大家对业务和功能熟悉，所以项目过程中没有进行交叉审阅的影响并不突出。然而在新的领域，没有相互审阅并指出问题，促使一个人的各种错误越来越多。

（5）由于对业务不熟悉，设计者对将来可预见的合理改变的前瞻性

146

及通用性认识不足。他们会把业务公司编号及其相关的税率公式固化在程序里面，将来一旦增加新的公司或业务，或客户公司编号改变或计税方式变化，原有功能均无法适应。

综合上述问题，合并相似点，导致项目的主要问题有：需求复杂多变，沟通时间长难以及早固定；瀑布模型的整批移动及文档驱动的特点，不利于需求的持续讨论，也难以及时发现需求的理解错误，所有功能的需求变更及需求理解错误一直拖到用户验收测试集体爆发；时间短，任务重，且无优先级，把握不住重点；涉及跨部门，跨地区沟通，沟通不畅；组织设置不当结构导致各自为政，不主动沟通和承担责任，相互依赖等；客户和开发团队背景差异大，缺少 BA，业务沟通障碍大；开发人员在整个开发阶段对自己领取的功能一脚踢，成员间缺少相互帮助、相互纠正；领导偏护导致财务人员地位过高，对需求变更有恃无恐，对需求的提出态度不严肃。

基于上述讨论，再进行抽象与概括形成两个核心因素：需求变化和人与人间的协作问题。当今基于瀑布模式、注重需求可预测性和不变性的软件生命周期开发（SDLC）已经无法适应上述问题的改进。在需求阶段结束后，开发团队就会进入封闭的内部工作时间。基于文档驱动的瀑布模型，又不利于人与人之间的直接沟通。所有的需求相关问题得不到及时解决，导致不断累积，直到用户验收测试阶段才暴露。瀑布模型的"整批走"特性还会导致分布在各个功能点上面的问题在某个阶段一起爆发，导致某个阶段特别紧张的情况，如多个功能在用户验收测试中同时被提出需求变更。因此，SDLC 既不能适应变化，也不有利于加强相关人员的沟通和协作。更糟糕的是，SDLC 基于 CMMI 3 框架制定，要求面面俱到的文档。而需求是所有工作的出发点，一旦出现变化，就有大量的文档需要更新维护，之前基于旧需求的各类文档所花费的精力也白费。就这样，开发团队花费很多的精力在维护随时会变的文档身上，令本已紧迫的开发时间更显得捉襟见肘。急需寻找一种新的开发过程去指导我们的开发并解决相关问题。

7.5 研发过程改进及效果

7.5.1 开发方法探讨

上面我们提及到两个核心因素：需求变化和人的沟通协作问题。由此联想到了在软件工程领域中，软件开发过程管理的热门话题—敏捷开发。敏捷开发方法的提倡者之一罗伯特（2003）曾总结敏捷开发的核心就是："适应变化和以人为本"，这是我们需要推行的开发理念。

传统方法学侧重可预测性，而敏捷开发强调可适应性。从上面研究表明，在我们研发过程中出现需求变动很正常，并且无法避免。所以，与其花费心思设法地去控制变化，倒不如想办法适应这种变化，可能将更加现实有效。

根据敏捷方法的十二条基本原则（贝克·肯特，2001），对我们项目的改善及现实意义如表7－14所示。

表7－14　　　　　　　敏捷原则对P系统项目问题的针对性

敏捷原则	P项目面临的问题	对于P系统项目的意义
最重要的目标：通过不断地及早交付有价值的软件使客户满意	瀑布模型的"整批走"，所有开发功能所处阶段都一致，导致不同功能点上各种问题在某些阶段扎堆出现；瀑布模型"整批交付"的交付周期过长，客户一直看不到他们需要的东西，无法提供有针对性的反馈，导致问题一直没有被发现	把"整批走"变成"分批走"的迭代，不同功能的不同阶段是并行的，可避免不同功能的问题扎堆出现而产生危急状况；短周期迭代，客户通过可运行的软件，就可以快速、频繁地测试使用最新的软件成果，从而反馈是否偏离原始的要求，纠正错误的方向。也能通过软件引出客户的隐藏需求，尽早提出需求变更；短周期迭代，用户可以等待很少的时间就看到他们的意见及建议被实施到软件产品中，从而提高他们的满意度
经常交付可工作的软件，如相隔几星期或一两个月就交付，倾向于采取较短的周期		

续表

敏捷原则	P 项目面临的问题	对于 P 系统项目的意义
欣然面对需求变化，即使在开发后期也一样，为了客户的竞争优势，要通过敏捷过程掌握变化	基于可预测性的瀑布模型强调在前期花费大量的精力去保证需求的稳定性，一旦在后期提出需求变更，会产生大量返工及造成巨大的浪费，然而 P 项目需求复杂多变，沟通时间长，难以及早固定是客观地存在	预知用户会变更需求，通过减少不必要的花销及过程，持续有效地沟通和反馈等方法去适应需求变化
业务人员和开发人员必须相互合作，项目中的每一天都不例外	客户与开发人员之间合作不积极，沟通技巧不高；瀑布模型的阶段性，割裂了客户与开发人员在整个开发周期中的持续合作	提供有利于客户及开发人员在整个开发过程的持续沟通的办法，激发合作的积极性
激发个体的斗志，以他们为核心搭建项目，提供所需的环境及支援，赋以信任，从而达成目标	物理环境阻碍客户和开发团队的沟通；项目成员间缺乏分享和合作，长期不变的工作模式缺乏激情	提供能有利于客户和开发团队沟通，并激发团队成员间合作、分享的工作环境
不论团队内外，传递信息效果最好、效率也最高的方式是面对面的沟通	瀑布模型基于文档驱动，不利于沟通；需求复杂，需要大量的沟通客户和开发团队的知识背景导致沟通有障碍，大家因工作语言不同而消极沟通	提供面对面的沟通环境，即时提问，即时澄清，而且面对面沟通，能显著提高沟通的积极性
可工作的软件是进度的首要度量标准 敏捷过程提倡可持续开发。责任人、开发人员和客户要能够共同维持其步调稳定延续	时间短，任务重，且无优先级，把握不住重点；用户只知道开发到了哪个阶段，但究竟自己需要的功能有多少实现了，心里没底	把功能分批实现，分批提交给客户，令客户清晰知道自己需要的各项功能的完成进度以及根据进度调整他们各项需求的优先级，而且迫使大家把专注力集中于正在进行的功能，有效推动该功能开发的进度
坚持不懈地追求技术卓越和良好设计，敏捷能力由此增强	开发人员在整个开发阶段对自己领取的功能"一脚踢"，成员间缺少相互帮助、相互纠正	开发人员间互相学习，互相分享，有利于设计质量的提高，当互相学习及互相分享的氛围形成后，有利于团队技能的长远发展

续表

敏捷原则	P 项目面临的问题	对于 P 系统项目的意义
以简洁为本，它是极力减少不必要工作量的艺术	花费大量时间进行大量详细的文档的维护，一旦需求发生变更，大量文档要进行更新，之前的精力也白费，非常不利于现时需求多变的状况	用面对面沟通以及有限但必要的文档去减少精力的浪费
最好的架构、需求和设计来自组织团队	团队结构设置不当导致客户和开发团队间、开发团队成员间各自为政，不主动沟通和承担责任，相互依赖等待；客户与开发团队地位不对等	建立互相尊重，互相合作，互相信任，主动承担责任的自组织团队是在需求复杂的环境中保证良好沟通和合作的必要条件
团队定期地反思如何能提高成效，并依此调整自身的举止表现	现时的开发过程以及开发模型已沿用超过 10 年，团队墨守成规。当 3 年前环境发生明显变化，团队依然没作出相应地改变，导致开发中大量出现紧急情况	要求每个迭代结束都进行评估，及时调整策略。而且敏捷开发带来的自组织队、有效的沟通方式和方便的沟通环境，也大大有利于团队进行反思

资料来源：团队汇总整理。

从敏捷的核心理念及指导原则发现，它对我们项目存在的问题有很强的针对性。因为我们认为引入敏捷开发过程是一个值得尝试的改变，对我们的软件质量能带来一定的改进。

7.5.2 敏捷开发方法的比较及选择

敏捷开发是一个方法集，比较有代表性的有极限编程（XP）、Scrum 和看板等。在选用哪种敏捷开发方法上我们需要了解各种方法的区别以及结合项目自身的特点去考虑。

在文献综述中我们提到了三种方法，其中，XP 需要遵守最多的规则，对项目团队的约束最强。它囊括了 Scrum 的大部分内容，还多了很多相当具体的团队内部的工程实践，例如，持续集成、测试驱动开发、结对编程和增量式设计改进等。由于项目组之前完全没有这方面的工程实践经验，直接转变到 XP，方法转变跳跃太大，团队短时间难以适应。尤其是由两个开发人员共用一台电脑的结对编程，对于我们较保守的开发团队来讲难以接受。另外学习这些具体技术，需要较多的时间，然而客观来讲项目不可能给我们预留这么多的时间。从转变程度及时间来看暂不可行。

我们把眼光重点放在了 Scrum 和看板上面。比较 Scrum 和看板的区别（Henrik，2011），结合当前问题的分析我们总结获得如表 7 – 15 所示。

表 7 – 15   Scrum 和看板方法的区别及与 P 系统项目现状的匹配

区别点	Scrum	看板	P 项目特点和现状
核心思想	将流程切分成小块（迭代），每个迭代中可有多个需求的开发同时进行	将需求切成小块，每个小块单独流动	显然，看板更接近精益"产品单件流动"的原则，我们期望把精力集中于当前所进行的功能上，而不是某个迭代上
迭代	规定了固定时长的迭代	计划、发布、过程改进等活动可以各有各的节奏，它可以由事件驱动，不用非要固定时长	小型开发团队，总开发人时不大，难以再把不大的开发时间划分出多个迭代周期，而且每个开发人员所领取的功能的开发时间是不同的，不必要求大家受相同的时间限制。看板更有利于缩短生产周期，更接近精益
限制 WIP	间接限制（每个迭代的）WIP，即在每个迭代里，只能做多少个功能	直接限制（每个工作流状态或阶段）WIP，即每个开发阶段，只能同时做多少个功能	我们期望在每个阶段里能令大家更专注于当前工作，而不是某段时间（迭代）内我们要完成的多少工作
计划变化	不能往进行中的迭代里面加任务	只要有必要可以改变原计划，在完成手上的任务后，马上安排紧急的任务进来	我们的任务涉及多个国家、多干系人的谈判结果，任务优先级排序需要灵活变换，显然看板能提供更快的响应速度
角色	规定了三种角色（产品负责人、开发团队、Scrum 大师）	没有规定任何角色	初接触敏捷，短时间内难以实现真正的角色区分，培养 Scrum 大师需要时间，大家觉得在小团队进行太明显的角色区分意义也不大
故事板	每个 Sprint 之间重置 Scrum 板	看板图一直保留着	团队不大，任务总数不多，看板图不重置节省维护时间，保留已完成任务能令大家更有成就感
总结	产品开发框架的革命	渐进的变革方法	渐进的方式更适合我们初次尝试敏捷的项目，可在保留原有开发框架下逐渐引入敏捷思想

资料来源：笔者整理。

从表 7 - 15 对比可以看出，当前的看板方法更适合我们的项目。看板方法的本质是一个很朴素的思想，它用可视化看板方法让流程中的所有环节以及工作的流动状态都完全呈现在使用者眼前。实际上，看板是在现有的开发过程中引入精益生产的思想，它不是软件开发、项目管理的生命周期或者流程。它是给现有的软件开发生命周期或者项目管理方法中引入变化的途径……看板所提倡的是渐进式演化（Henrik，2009）。因此，P 系统开发团队能在保留熟悉的瀑布模型生命周期下逐渐向敏捷和精益的价值观靠拢。鉴于我们的项目特点以及大家对敏捷方法处于初试阶段，项目组最终选择灵活性更强和过渡更容易的看板引入到我们的软件过程优化中。

7.5.3　过程设计及实施

我们在 2016 年度的 P 系统项目（以下称为 P - SAP 项目）开始引入敏捷方法。2016 年，集团总部要求所有国家和地区分公司的 P 系统直接与 SAP 相连，各公司的基础数据，如客户公司列表、收费中心列表、用于各公司的出入账账号、对不同公司套用的税种、税率及计算公式等自动从 SAP 中导入，账单数据直接从 P 系统导出到 SAP，中间不需要任何再处理。整个开发从无到有，集团只给了 3 个月时间。我们接到任务的那一刻，什么准备都没有，各地财务也是突然收到通知。对于具体需要什么功能，财务还未有一个完整的概念，他们很多人甚至连 SAP 是什么样子都没见过。而且各公司都有自己的特殊要求，需要不断地沟通协调。甚至连 SAP 与 P 系统之间的各种接口文件格式及内容，SAP 维护团队的同事都没想好。随着与各分公司、各地银行及税务部门的深入沟通，具体需求很可能会不断变化，更改、增加、修改、集成、妥协或舍弃会在开发过程中不断交替。因此，如果按原来 SDLC 的瀑布开发，等所有需求都确定后再开始开发，而且所有开发都做好后再一起打包进行用户验收测试，那么项目的风险是非常高的。正因如此，坚定了我们推行敏捷开发的决心，并获得了公司管理层的大力支持。

7.5.3.1　研发团队的组建

团队是项目成功的基础。在大家业务背景不同、业务功能不熟悉、各自以自己部门为政又缺少协调者的客观条件下，我们需建立跨部门的自组织型项目团队。团队的组建由 PMO 牵头。PMO 委派一名有威望的高级经理作为 P 系统的项目经理，并派遣了一名敏捷的专家提供敏捷方面的指导。把 P 系统开发部门的同事、广州公司中与新需求关系比较密切的财务部同事、马来西亚 SAP 中心派驻过来的 2 名中英文优秀代表都纳入了 P 项目的跨部门团队。

图 7 - 18 是 2016 年前的 P 项目开发团队及客户关系图，P 系统开发团队要直接面对多地区公司的财务及 IT 支持团队。

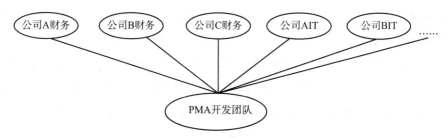

图 7 - 18　2016 年前 P 项目开发团队及客户关系

图 7 - 19 是 2016 年后 P 系统项目干系人的关系图。

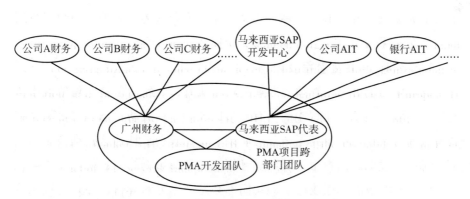

图 7 - 19　2016 年后 P 项目开发团队及客户关系

在新的项目团队架构下，广州财务部的成员及马来西亚 SAP 的代表既作为客户现场代表参与到项目中去，同时他们在很大程度上担任了财务及

SAP方面的BA角色。他们中具有相关业务背景及语言能力的同事作为和外界沟通的"接触点"与各个地区的财务、SAP中心以及各地区集团内外与SAP有关的IT团队沟通，把来自各地的需求整合排序后提交给P系统开发团队进行开发。开发过程中他们也充当起财务及SAP方面的专家，对开发团队遇到的问题做出指导和跟进，并保持和各地区干系人的沟通协调。

在团队构建中，项目经理不断地传递"我们是一个团队"的信息，公司也把广州财务同事及SAP代表在P项目的表现纳入他们的绩效考核中去。通过进行"同一个团队"的建设，解决了原来开发团队和财务人员之间地位不平等的问题。并且让原本属于不同部门的人员"出师有名"地积极参与到P项目开发的每一个活动中。

管理层赋予团队相对独立的权力，在日常的开发事务中实行自管理，团队自行排列工作优先级，自行安排工作进度。开发人员根据经验自行领取工作，业务人员根据业务相关性积极主动跟进问题。在敏捷开发模式下自组织团队的形成必须依赖两个最重要的环境因素：高级管理层的支持和客户参与的理念均得到了很好的体现。依据马斯洛的需求层次理论，人有五种逐渐上升的需求，即生理需求、安全需求、社会需求、尊重需求和自我实现的需求。在收入达到一定水平的IT行业，"自我实现"被认为是最能吸引大多数开发人员的一种方式，因此，我们认为在P项目中组建自组织型团队是可行而且能激励团队成员积极性的高效组织。

7.5.3.2 可视化流程设计

看板使用了可视化管理的方式去跟踪任务，因此，在整个价值流中流经的不同阶段。它让流程中的所有环节以及工作的流动状态都完全呈现在我们眼前，并让人们看到了瓶颈、队列、变化浪费。种种这些都会影响我们交付有价值的成品数量，影响循环周期，从而影响组织效益。

在引入看板的过程改进中，我们不必抛弃熟悉的流程，而是应该从目前的流程着手。逐渐向敏捷和精益的价值观靠拢。图7-20是P项目所使用的进度板。

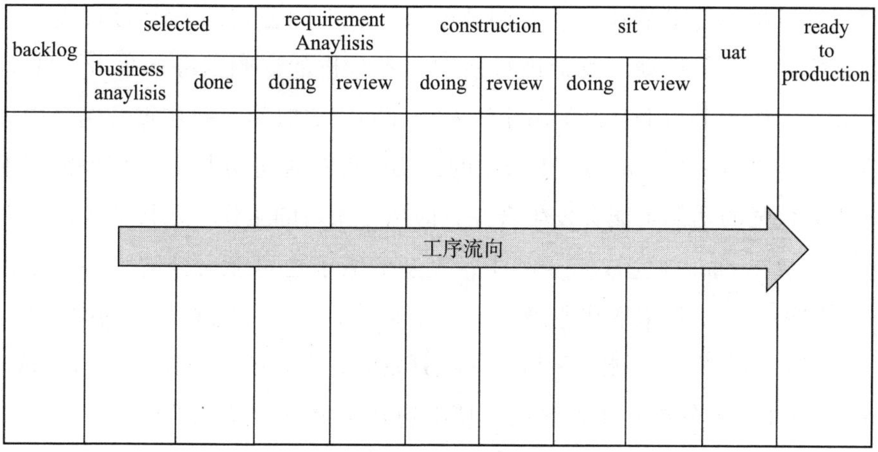

backlog	selected		requirement Anaylisis		construction		sit		uat	ready to production
	business anaylisis	done	doing	review	doing	review	doing	review		

工序流向

图 7 - 20　P 项目进度板

显然，开发过程依然很像瀑布模型的开发模式：需求分析 > 开发 > 系统测试 > 验收测试 > 上线。但其实还是有较大区别的，在瀑布开发模型下，所有的需求分析在开发工作开始之前就已全部完成，所有的开发工作则在测试工作开始之前就全部完成。而在看板方法中，这些不同阶段都是并行的。第一个功能进入用户验收测试时，第二个功能在系统测试中，第三个功能还在开发阶段，第四个功能则可能还处于需求分析阶段。这是一个从功能提出到产品上线连续不断的价值流。

根据图 7 - 20 所示，我们概要介绍一下进度板中每一栏所代表的含义及具体工作内容：

（1）最左面的 blacklog（储备区）是概要功能区域，这里收集着来自各个地区提出的初步功能要求，广州财务部的同事把整合后的功能概要写在一张综述卡上，然后贴到这个位置。开发团队的同事会对所有的功能综述作出一个粗略的开发时间预算，并和广州的财务同事一起给每个功能划分优先级。

（2）blacklog 中的概要卡，会根据优先级高低等条件被选定并拉进 selected（已选择）工作区中，最终概要卡会被换成真正的工作卡。在这里，广州的 SAP 代表和财务同事会对选中的内容作开发前的业务分析准备。包括把相似的业务流合并，了解清楚业务上的具体需要，和兄弟公司相关部门进行相关需求的谈判、协调及整合，对不同公司的 SAP 接口文件进行格式的统一等活动。负责进行前期业务分析的广州财务同事及 SAP 代表会在工作卡上写上自己的名字以及预计的完成时间，并在每日例会中对进度进行更新。从 blacklog 中选中的概要卡经过业务分析后，相似的需求或相关性强的功能可能会发生合并，即用一张新的工作卡取代原来的多个概要卡放在 done（完成）子列中；复杂的需求也可能会分解为多个子需求，即用多个工作卡取代原来一个概要卡放于 done（完成）子列中。

（3）当开发人员能接手该功能的开发时，工作卡会被拉进 requirement anaylisis（需求分析）工作区内。填上包括负责这个功能的开发人员和协作的财务人员的名字，估计的工时，开始日期和估计的完成日期等信息。在需求分析阶段，我们并不会像以前一样写非常正式而且详细的功能说明书，而是基于用户故事作功能说明。功能说明书的内容只要能覆盖所有功能点，满足功能测试和用户验收测试需要就足够了。用户故事的好处就是在于以用户的口吻去描述功能，如"作为一个财务人员，我希望能够通过系统配置，让不同的国家套用不同的税率""我按下税率维护功能，系统就会返回操作界面，含有以下什么界面内容"等。贴近用户的口吻去表述问题，能避免以前的功能说明书过于站在技术人员的立场，太过专业枯燥的问题。用户拿着用户故事，也能很直接地在用户验收测试对所描述的功能点进行测试。在该功能的需求分析完成后，卡片会被拉到需求分析中的审核子列中去。我们把需求说明书发给广州的财务人员进行审核，并在工作卡上加上审核的财务人员名字和预计的审核完成日期。

（4）当一个功能的需求分析完成后，工作卡就会被拉进 construction（构建）工作区，工作进入构建阶段。这里的构建，包括了系统设计，编码和单元测试，具体工作内容如下：

第一，系统设计不要求马上就编写好非常详细的系统设计说明书，而是可以通过各种快捷有效的手段，如编写流程图，然后在每日例会上把自己的构想向大家描述出来。不管用哪种方式，只要有了构想，都需要在例会上向所有开发成员通告，获取大家的意见。

第二，广州财务中负责跟进的同事，也不会在需求阶段后就离开，而是作为现场客户在每天的例会上听取开发人员的进度更新，进行需求信息的及时更新，回答、跟进开发人员关于需求方面的疑问。

第三，以前在编写每个程序前都要取消每个程序代码级别的"程序设计说明书"，取而代之的是在程序代码里面添加了足够的注释。敏捷把程序代码看作一种特殊的文档。除了添加足够的解析性的注释外，每新增/修改一个程序，我们会在程序代码开头部分的花牌中写上代表这次开发的编号（每一期的开发，我们都需要申请一个特定的编号）、日期、作者名字及简要说明。然后在具体修改过的地方的头尾位置用注释的方式把开发编号写上去，包围住改过的内容。这样做，就能在以后对以前某一次开发修改过的具体代码作出追溯。足够的注释也能便于今后接手的人员理解代码。

第四，当开发人员编写出一个初步模型时，我们会把这个半成品称作"原型"发给负责跟进的广州财务同事来试用。根据我们以往的经验，很多隐藏的需求是在用户把功能的实物拿到手上时才被引出的。另一方面，通过实物，用户就能马上知道开发人员对需求的理解是否正确。通过"原型"，我们能把很多以前去到用户验收测试才被引出的隐藏需求及理解错误等问题提前到构建阶段就被引出，大大提前了问题的发现时间及减少了后期返工的工作量。

第五，在程序编码及单元测试完成后，工作卡移到审核子列中，进行交互审核。写上审核人的名字，期望完成时间。审核进度及结果在每日例会上简要反馈。

（5）当一个功能的构建完成以后，功能卡就会被拉入 SIT（系统测试）工作区。每完成一个功能就进行一个系统测试，是组织文化的一大转变，即从"整体开发最后阶段才做大型系统测试"转变为"（分批）持续进行系统测试"。由于公司没有派驻测试部门的同事到我们项目，系统测试依然由开发人员进行。不过在开始正式执行测试前，开发人员要把测试实例（test case）发给负责跟进的财务成员和另一个开发人员进行审核，令其测试点尽可能地覆盖客户的功能需要。

（6）当一个功能的单元测试完成以后，工作卡就会移到用户验收测试列中，写上进行用户验收测试的财务同事名字，预计完成日期。开发团队的同事在功能提交到用户测试环境后，就可以进行新一个功能的开发了，当上一个功能在用户测试环境中有什么问题，再回来作支持。由于用户一直参与到功能的各个阶段进行各种反馈和审核，因此，在用户验收阶段，新功能基本上已和预期相符，不会发现什么问题了，尤其是需求变更、功能错误和设计错误等严重问题。

（7）最后，该功能的工作卡会移到等待上线（ready to production）区中，直到其他所有的开发功能都完成用户验收测试后，再进行一次整体的用户验收测试（主要测试各功能间的耦合性，上线打包的完整性），最后整体上线。

将流程可视化在物理板上，是为了让项目过程透明，能够让所有的团队成员清晰明了地看到目前所有正在进行的工作任务，并把自己的进度加以对照，即研发过程可视化。根据哈佛大学"目标威力"实验所得出的结论："当人们的行动有了明确目标的时候，并能把自己的行动与目标不断地加以对照，进而清楚地知道自己的行进速度和与目标之间的距离，人们行动的动机就会得到维持和加强，就会自觉地克服一切困难，努力达到目标"（陈帆，2008）。此外，在公开的场合由参与工作的人员自己设定完成任务的工时和日期，既能用公众压力防止夸大工作计划，又能通过自己订立计划来提高参与人员对自己计划执行的积极性。再且，责任到人，把责任人均写到工作卡上实行公众监督，在公共视野下，人们进行相互推搪的动机被有效压制。

7.5.3.3 并行工作量的设定

在项目开发过程中同时要做很多任务，会导致不专注，使需求分析、设计的质量均不高。实际上，工作不断转换的代价非常高。科学家跟踪了86 位程序员的 1 万份编程情景记录，发现工程师在代码编辑工作被打断后，需要花 10～15 分钟来重新开始，只有 10% 的概率会在 1 分钟内继续工作。美国著名心理学家弗洛姆提出持续坚持"一件事"原则的重要性，他认为"一个人的精力是有限的，把精力分散在好几件事情上，不仅是不明智的选择，而且是不切实际的考虑……。在对 100 多位在其本行业获得杰出成就人士的商业哲学观点进行分析之后，著名行为学者哈迈尔发现了这个事实，就是他们每个人都具有专心致志的优点"（艾瑞克，2015）。因此，对大多数人而言，同时处理两件事，或者三件事的效率，没有专注做一件事的效率高。

限制并行工作的数量（WIP）的目的就在于让团队成员排除其他干扰，让大家有机会专心完成手头的一件事，尤其是从重要的事做起。而当某阶段产生了障碍，导致限额已满，令其他工作无法进入该阶段时，大家又会集中精力去解决当前的障碍。

看板中每一列的 WIP 是如何影响着人们的工作效率。如果某一列上限太低，会导致有人无法参与工作，做成劳动力的空置及整体生产率降低。如果 WIP 太高，工作人员同时关注太多的工作，既会导致分心而工作效率降低。图 7 - 21 及图 7 - 22 是 WIP 过低及过高的示意图。

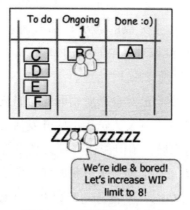

图 7 - 21　WIP 过低示意图

资料来源：Henrik，2010。

图 7 - 22 中，正在进行（Ongoing）区的 WIP 被设为 1，项目组有 4 个人，做 1 个工作最多只需要 2 人，由于 WIP 只有 1，导致有人手空闲。

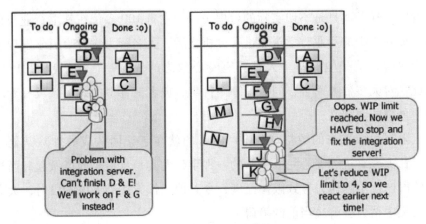

图 7 - 22　WIP 过高示意图

资料来源：Henrik，2010。

图 7 - 22 中，正在进行（Ongoing）区的 WIP 被设为 8，最多能同时做 8 件事情。当作 D 和 E 时，因为集成服务器出现问题，导致最重要的 D 和 E 卡住了。因为 WIP 未到 8，他们不断把新的工作拉进工作区，直到 WIP 满了，却没一样工作是完成的。在 D 和 E 时就应该修理的集成服务器，拖到了工作 K 时还没修理。最重要的 D 和 E 一直上不了线，主要的障碍—集成服务器也没有得到及时修理。

鉴于我们项目的开发人员对自己所领取的功能从需求分析到系统测试需要的特点，我们期望每个开发人员手上的开发活动始终保持一件，即所谓的"单件流动"。这样做，不但能让开发人员专心做一件事，更重要的是能为业务人员争取大量的前期业务分析时间。图 7 - 23 和图 7 - 24 显示了原来开发过程中所有功能"整批移动"以及引入敏捷以后"单件移动"的区别。示意图假定一个业务人员和一个开发人员一起完成三个功能的需求。1、2、6、7、8、13 和 14 时间段表示业务人员（用户）清晰地了解自己需要所必须花费的时间，即：在最理想的状况下无时间浪费。5、11、12、17 和 18 时间段表示在最理想状况下无时间浪费，开发人员清晰了解客户需求并做出需求分析所必须花费的时间。3、4、9、10、15 和 16 时间段表示过程中浪费的时间，由于需求设计多地区、多部门的合作，沟通过程中的等待会产生时间的浪费。

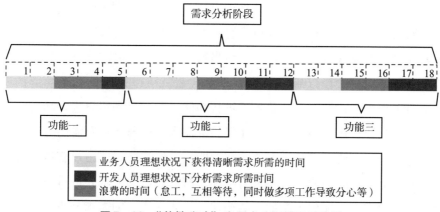

图 7 – 23 "整批移动"中需求分析情况示意图

图 7 – 23 中，三个功能的需求分析全部需要在需求分析阶段完成，然后再一起进入后续阶段。一开始用户其实还没有具体的需求。不同公司间，公司和银行间，财务和 SAP 团队间的沟通也没有开始。因此，用户了解需求，相互沟通等活动和开发人员的需求分析活动，都全部要在需求分析阶段完成。完成三个功能所有跟需求有关的活动要单独占用项目开发的 18 个单位时间。由于要等业务人员弄清业务需求才能作需求分析，开发人员的利用率也非常低，只有 28% 。

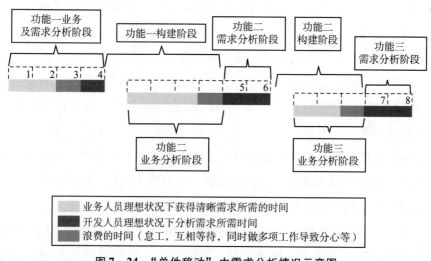

图 7 – 24 "单件移动"中需求分析情况示意图

图 7-24 中，各个功能的单件流动，各功能间不同阶段可以有重叠。在开始第一个功能的时候，客户了解需求，相互沟通协调等活动仍然要和开发人员的需求分析一起进行。然而当第一个功能完成需求分析进入开发人员负责的构建阶段以后，用户和 SAP 代表就可以进行第二个功能的业务分析工作了。这期间，开发人员进行功能一的构建和用户进行功能二的业务分析是并行进行的。根据以往经验，需求分析与构建所需的时间比大概为 21：79，因此，在开发人员进行功能一的构建期间，用户获得了充足的前期业务分析及沟通的时间去清晰地了解功能二的需求并进行各方的协调。而当开发人员完成了功能一的构建，进入功能二的需求分析时，他所面对的就已经是一个较清晰的需求了。清晰的需求大大降低了以后发生需求变更的风险。由于业务人员和开发人员在同一时间内只进行一项工作，因此，浪费的时间也大大减少。在示意图 7-24 中，完成三个功能的需求有关的所有活动单独占用项目 8 个单位时间，而开发人员只有在第一个功能的 3 个时间单位中是空闲等待，为后面的工作争取出了大量的时间。

除了需求以外，单件流动也有利于后续的构建及用户验收测试。在构建阶段：（1）开发人员能一心一意地做一件功能的事，编码及测试的效率更高。（2）刚做完需求分析就能马上进入同一个功能的构建，不需要花费额外的时间进行需求分析方面的回忆，减少因回忆具体需求内容而造成时间浪费甚至信息的丢失。（3）开发人员与客户的持续沟通都集中在这个功能上，遇到问题时大家能较快地响应。

在用户验收测试阶段：以前由于"整批走"，所以用户在这时候要测试所有的功能，开发组也要在同一时间内进行多个功能的支持及修复工作。这已经是离上线前的最后一个阶段，如果大量的问题在这时同时出现，会引起用户的高度紧张以及对开发人员造成很大的压力。当改成"单件走"后，即使某功能在用户验收测试上面出现了问题，后面还没到上线的时间，大家还可以比较从容地去处理。

此外，单件走有利于开发过程的持续改进以及人员的持续激励。单件走把整体工作拆分成小块持续交付，可以令员工获得持续的满足感及激励，并能通过客户对成果的持续反馈实现精益开发所要求的持续过程改进。而传统的瀑布开发模型，等待交付的时间过长，开发成员一直工作却看不见实质性成果，项目持续时间越长，士气越低落。而且通常要到项目结束前的用户验收测试阶段，才能获得来自客户的正式反馈，在此时发现问题往往已经迟了，总结所得的过程改进方案也只能留到下一次的开发项目中实施了，如图 7 - 25 所示。

图 7 - 25　持续交付与一次式交付示意图

根据前面的研究所得，我们确定开发人员手上只能有一件开发工作，并为看板加上 WIP，如图 7 - 26 所示。

在图 7 - 26 中，功能开发从 requirement anaylisis（需求分析）到 SIT（系统测试）的三阶段，均由同一个开发人员 "一脚踢"，因此，根据我们 4 名开发人员的数量，这三个阶段共用的 WIP 为 4，即只能最多有 4 张工作卡贴在这三个区域内。selected（已选择）阶段内的工作主要由广州财务人员及 SAP 代表跟进并作业务分析，他们有 6 名成员（2 名 SAP 代表全职，4 名广州财务兼职）。由于在业务分析中，他们有可能需要合作，因此，已选择区内的 WIP 并不根据人员的多少决定，只需要满足最多 4 名开发成员同时完成前面功能的开发后回到需求分析阶段所需的卡片供应量，即最大为 4 个卡片就足够了，所以 WIP 也为 4。用户验收测试

（UAT）的 WIP 也为 4，目的是督促用户在同一个开发人员为下一个功能构建好前，需要把该开发人员的上一个功能测试好。剩下的 backlog（储备区）和 ready to production（等待上线区）均不作 WIP 限制。

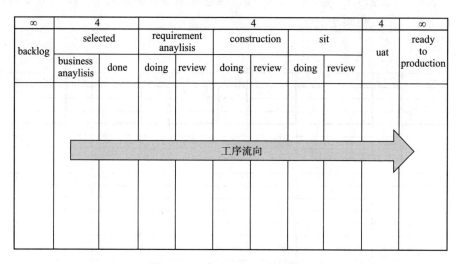

∞	4		4					4	∞
backlog	selected		requirement anaylisis		construction		sit		uat	ready to production
	business anaylisis	done	doing	review	doing	review	doing	review		

工序流向

图 7-26　加上 WIP 后的看板

7.5.3.4　待开发功能优先级判定机制

项目开始前，研发团队就有一堆概要卡贴在 backlog（储备区）内。项目进行中，也会有新的概要卡放进来。概要卡是根据优先级高低决定它们被拖进 selected（已选择）区的顺序的。影响优先级判断的因素如下：

（1）商业价值。用户最乐意看到的功能有哪些；

（2）知识。对那些功能的开发会对今后的开发产生知识，降低之后开发的风险；

（3）资源利用。我们需要平衡功能领域，让团队中的人都有事做又不能压力太大。如我们有两位 SAP 代表，在 selected 区中和 SAP 有关的功能可能会有 1～2 个。太多他们可能无法兼顾，太少又可能会产生人手空闲；

（4）依赖关系。哪些功能最好组合一起开发。如税率计算的功能对于用户来说非常重要，而税率计算过程中需要用到客户公司信息、客户收费中心（cost center）信息，还有税率比例等信息。因此，客户公司信息维护、客户收费中心维护、税率配置等功能，要在税率计算的功能之前完成；

（5）可测试性。哪些功能放在一起测试最适合，需要同期开发。

上面所有的因素中，商业价值是最重要的考虑因素。另外，在上一节内容"最大并行工作量的设定"中我们提到了 4 位开发人员开发的第一个功能时，用户的业务分析和开发人员的需求分析依然要一起进行。只有到了第一个功能进入构建阶段时，业务人员才可以在开发人员进行第一个功能的构建期间进行第二个功能的业务分析。因此，第一批的 4 个功能开发，我们尽量选取业务需求简单且和重要功能依赖关系强的 4 个功能，让开发人员能尽快进入构建阶段，而用户也能尽快开始对 4 个功能进行业务分析。

7.5.3.5 持续沟通的改进

敏捷开发的最高指导原则是拥抱变化。它的实现是基于第二个与之密切相关的指导原则，即拥抱沟通和反馈。因为只有持续沟通和尽早地反馈，才能对变化作出及时的响应，实现第一条原则。敏捷宣言和原则以及各种敏捷方法都有一个共同的主题，那就是努力促进沟通，尤其是面对面持续沟通（Viktoria，2016）。每日例会，这个作为敏捷方法中最有效促进面对面沟通的手段，在看板中也被继承了下来。每日例会，让现场客户在公共项目工作室中全程参与需求提取工作及开发中的工作反馈。所有 P 项目的成员，包括用户现场代表，广州财务同事和 SAP 代表、开发团队成员均要求参与。会上大家相互发言，相互学习，相互监督。透过会议室的工作板，项目进度和情况一目了然。项目的每日例会从上午 9：30 开始，持续 15 分钟（会后成员可进行各自的深入讨论）。会上所有人都要求轮流发言，内容为三句话："我昨天做了什么"，"今天计划做什么"，"遇到什么问题"。

"我昨天做了什么"，其实就是公开对手上工作的进度进行每日的更新，并把更新的进度写到工作卡上。当进度卡完成了当前泳道的工作且下一泳道有空位时，就把该卡拉进下一泳道。这种公开的进度更新，能有效防止怠工，而且项目经理能及时了解成员的工作进度以做出必要的调整。

"今天做什么"，就是公开为自己今天的工作定立一个目标。当有新的人加入到卡上的工作时就在卡片上写上新加入人的名字，期望完成工时及完成日期。但有一个地方需要注意，当同一个工作是由多人负责时（如用户进行业务分析，可能涉及多个用户），我们只会写上主要负责人的名字，而不会把所有人都写上去。通过这种公共承诺且责任到人的方法，能有效提高成员的工作积极性。

"遇到什么问题"，大家把工作遇到的问题及时报告，能即时获得用户现场代表或其他开发成员的反馈和帮助。对于不能马上解决的问题，我们会在看板旁的"问题栏"上记下问题，标注委派跟进的人员名字及计划解决问题的时间。相关的人员可在例会结束后留步进行进一步地讨论。在所有人发言完毕后，主持人会对"问题栏"内之前记录的所有问题过一遍，要求委派人进行状况的更新。已解决的问题会从"问题栏"上擦除。通过这种及时报告问题公开责任到人并每天一更新的做法，有效地改善了以前遇到问题由于沟通不便或不善而造成的延迟，提高大家解决问题的相应速度及积极性，在问题未造成重大影响前就把它解决。

看似简单的例会，科技含量不高，但它对研发进度和质量具有很大的帮助，我们对其活动价值总结如下：

（1）促进持续沟通和及时反馈。每日例会建立了能让项目团队成员迅速了解项目和人员情况的日常机制，遇到什么问题大家能及时解决。现场客户通过每日例会，可以得到有关项目进度和问题的及时、信息丰富的度量。另外在前面我们曾讲到沟通是开发人员的短板，有些开发人员甚至因为各种原因逃避沟通。而每日例会，把现场客户和开发人员都集中起来，消除了沟通上距离阻隔和时差等物理障碍。会上大家轮流发言，令平时不喜欢沟通的开发人员在"从众心理"的影响下，变得积极沟通。从众心理是指"个人受到外界人群行为的影响，而在自己的知觉、判断、认识上表现出符合于公众舆论或多数人的行为方式"。当周围的人产生的影响是积极时，就会让人产生积极的从众效应。积极的从众效应可以让与会人员互相激励情绪，勇敢开口沟通。

（2）公开的承诺，令大家更积极地工作。当一个人早上汇报他今天要做什么工作的时候，他正在对团队表达一种社会承诺。这将增加他的责任感以及坚持到底的决心。这来自行为心理学中的"承诺和一致性原理"，一旦我们做出某种承诺（或者表态），来自内心和外部的立场就容易迫使我们采取相应的行动，因为没有人愿意被说成自己是一个前后不一致的人。安利公司曾发现"把东西写下来有一种神奇的力量"，他们发现让员工将他们计划的目标用书面形式写下来，甚至还要公开张贴在显眼的位置，会不断起到强化其动机的作用。这是一致性的高度体现。它的最关键的地方就是"承诺"，因为承诺代表了某种立场。

杰出的社会心理学家莫顿和哈罗德做了一个很著名的实验，充分证明了一个公开做出的承诺更有可能导致以后固执地坚持一致的行为，并发现了 4 个特点（罗伯特，2010）：书面的承诺要比口头的承诺力量更大；公开的承诺要比私下的承诺力量更大；履行一个承诺所要付出的努力越多，这个承诺对许诺者的影响就越大；如果一个承诺是在自愿的情况下做出的，那么一个人就会发自内心地对这个承诺负责。在我们对例会的讨论中，以上 4 个特点都能得到体现，具体归纳如下：

第一，与会人员要把自己对一个工作的工时及计划完成日期写出来，其实就是一种书面承诺；

第二，把工作卡贴到看板上公开，实际上就是公开的承诺；

第三，他在作出这个承诺前，需要理解工作的内容并根据自己的能力去为工作作出预计。写到工作卡上并贴到看板上，能视作一种仪式。因此，他为这个承诺付出了各种努力；

第四，基于自组织型团队的特性，每个成员对自己的工作作出预算，管理者一般不进行干预。因此，承诺可看作是由项目成员自己决定的，更坚定了他要为自己承诺的事所坚持的决心。

（3）在进行某项工作或遇到问题需要人跟进时，永远只指定一个责任人。根据我们以往的经验，当责任人超过 3 人时，工作的效果会大打折扣。这犹如"三个和尚"的故事一样，人多就会造成责任分散，出现"群体越大，干活越不出力"的现象。心理学家达谢尔称之为"社会惰化效应"。"社会惰化效应"在现实世界中是普遍现象，造成它的主要原因有两个（曾莉，2010）：

第一，人们喜欢追求公平，在一个团队中，每一个人都会私底下把自己的付出和获得和别人比，如果发现自己做得多却拿得不多，就会偷偷减工，以"消极怠工"的方式重建公平感。

第二，团队一大，责任就容易分散，个体成就和集体成就的关系就不那么明显。大家就倾向于互相依赖、推搪。人总是倾向趋利避害的，"搭顺风车"实在是个美差。

在我们的项目中，各地的财务人员不全职参与 P 系统开发。当某个财务人员花越多的心思在 P 系统上，那么对他本职工作的影响就越大。相对于其他也收到邮件但不怎么出力的财务人员来说，他越出力就越不公平。所以大家都会以"消极怠工"去回避不公平。另外，邮件又不是单独发给他，责任分散，即使拖着也难以归咎到底是谁的责任，何不等一等，看看能不能搭个顺风车？这两个因素，造成了以往涉及多用户同时沟通的工作效率较低。为了解决这两项因素，我们在会上对于每项工作或问题跟进只指定一个主要负责人。至于他背后需要找多少人帮忙，他自己去处理。另外，由于写有责任人的工作卡公开贴在看板上并占用一个 WIP 份额，每天例会要进行进度更新。当有人不作为导致工作拖延时，谁怠工以及怠工的影响就一目了然。当实现了责任到人并为实现自己的承诺而战，同时进行公开监督后，与"社会惰化"相对的一种积极效应"社会助长效应"就会出现。"社会助长效应"即我们在面对他人的时候往往都会表现得更勤奋，更有效率，更整洁，更周到。因为人其实是有竞争心理的，向公众展现出自己优秀的品质是我们的一种本能（李红梅，2005）。

（4）有利于项目的进度管理、风险管理及质量管理，具体好处归纳如下：

第一，进度管理。每日例会给予了项目管理者及用户一个密切关注项目进度的机会，每天大家都要进行手上通过的进度更新，还要制定当天的工作计划。客户要求实现的功能有多少做完，多少没有做完，每个功能在看板上处于哪个阶段，全部都能很直观地表现出来。项目的进度更新频率提高到了以天为单位，增强了项目的可控性。

第二，风险管理。根据第三章对我们项目的问题进行分析，历史上导致我们项目出现各种问题的一个主要原因是沟通的问题，用户与用户间没沟通好、用户与开发人员间没沟通好、开发人员与开发人员间没沟通好，导致了需求没做好、设计没做好、交叉审核没做好，途中有什么问题也没得到及时地提出和解决。因此，对于我们以往的项目而言，大量项目风险来自沟通。每日例会，为每日、贯穿于整个开发过程的持续沟通提供了条件，大大提高了风险识别，风险分析及风险控制的响应速度。另外持续的产品交付，使风险较平均分布，降低了"整批走"出现大批量返工的风险及由此而造成的重大损失。

第三，质量管理。开发人员间公开的设计汇报，强制的交叉审核，业务及技术的持续听取及相互学习有利于产品质量的提高。开发人员对每日的工作状况进行汇报，以及客户频密地接触产品，以往整批走，需要等到最后的用户验收测试才接触到真正的产品。现在只要一个功能构建完成，他们就能接触，甚至在原型阶段就能接触。通过在例会上提出质量方面的反馈，项目经理和开发成员可以及时了解产品的开发质量并作出及时的调整。

（5）有利于团队建设及促进相互学习。在每日例会的沟通中，大家慢慢形成共同的语言，价值观及实践过程。我们可以发现，一开始来自不同部门的成员会以"你们，他们"称呼对方，但慢慢，会变成"我们"。从一开始大家都很拘谨慢慢变得有说有笑。大家在每日的面对面相处中变得熟悉并增进了相互间的感情。根据研究，组织成员间个人层面的非正式关系的加强对组织的建设是有正面的促进作用的。每日听取其他人的工作汇报并参与讨论，有利于成员间的相互学习和信息共享。工作上的不断磨合慢慢会改进并向着有利于项目的方向发展。由于现场用户全程亲自参与到了项目，对于开发人员的努力及项目中的困难他们是能感受到的。所以，在某些开发团队在努力工作依然克服不了困难的情况上，他们会做出体谅并进行调整，甚至会为开发团队向其他的用户说好话。因为，我们是一个团队。这比起以前开发团队孤身作战，遇到问题只能哑巴吃黄连的状况好得多。从上面分析可看出，只有三句话作为固定内容的每日例会，其实把多种的管理学及心理学的知识用到了实处。

7.5.3.6 敏捷开发与 CMMI 的融合

由于大家已经长期习惯了 CMMI 下的 SDLC 瀑布开发模型，因此，改进后的开发过程及看板的管理内容设计不能和原来流程跨越太大，要有平滑的过渡。另外，案例公司为 CMMI 3 认证公司，一直有一种思想认为作为重量级的软件开发方法 CMMI 与轻量级的敏捷方法是对立的。因此，需要评估引入敏捷是否会对公司的 CMMI 3 体制构成冲突甚至影响到公司今后的 CMMI 续期评审。

对于过渡的可行性，由于研发团队使用看板方法引入敏捷，它只是"在现有的软件开发生命周期或者项目管理方法中引入变化的途径"。对于开发单个功能的所经过的开发阶段没有改变，依然沿用 SDLC 定义下的瀑布模型的开发生命周期，各阶段的输入和产出变化也不大。和以前的区别只不过是整批功能一起进入每个开发阶段变成单件流动而已。因此，大家对改进后的开发过程还是比较适应。

对于和 CMMI 的兼容问题，我们从以下几个方面展开讨论：

（1）在实际操作上，我们认为软件开发所使用的生命周期依然沿用 SDLC 规定的生命周期；我们是在以往的开发过程上引入了产品单件流动，可视化和持续沟通的实践。加入白板，产品 blacklog，WIP 及每日例会这些实践工具。另外还加入了 CMMI 没有强调的团队建设及个人建设内容。这些内容本身和 CMMI 3 的过程域并无冲突；过程改进的范围仅限于开发阶段。前面的立项评估，后面的上线及收尾总结等阶段都没有改变；SDLC 规定的各开发阶段，各阶段的输入输出，测试实例及交叉审核等内容也保留了。唯一简化的是开发过程中的文档。CMMI 3 要求开发有完善的文档。敏捷却要求尽量减少不必要的文档。但对于我们项目来说，与其说减少文档，不如说是浓缩了开发过程中的文档，减少了烦琐、形式化、对后续开发作用不大的内容。在所有功能都开发完成后，用户进行最后的整体验收测试的时候，所有功能的内容基本都固定下来了，开发人员会补全所有 SDLC 要求的相关文档及内容。通过这种后补详细文档的办法，我们不需要在需求频密变化中花费太多精力在随时会变的文档上，又能保证项目以后备有足够的文档达到 CMMI 3 所要求的过程可追溯。在敏捷要求的减少不必要文档和 CMMI 3 要求的完备文档中获得一个平衡点。

基于上述讨论，在操作上我们不认为会和现有的 CMMI 3 框架构成冲突。表 7 – 16 为引入看板方法后的实践对 CMMI 3 各过程域的支持汇总。

表 7 – 16　　　　　过程改进内容对 CMMI 3 过程域的支持匹配

CMMI		引入 Kanban 后开发过程改变的内容
成熟度等级	KPA 中文名称	支持内容
2	需求管理	需求优先级制定、用户故事、产品 blacklog
	项目规划	需求优先级制定，客户的持续介入、工时估算、每日目标设定、产品 blacklog、WIP
	项目监控	每日例会、可视化看板、每日进度更新、产品 blacklog、WIP、持续交付
	度量与分析	每日例会、每日目标设定、每日进度更新、功能数量燃尽图、持续交付
	供应商协议管理	无，遵从公司级别的要求
	配置管理	无，沿用 SDLC 的基线管理要求及原有版本控制工具
	过程和产品质量保证	每日例会问题报告、快速原型、交叉审核，系统测试实例提前让现场客户审核
3	组织过程定义	引入看板方法实施过程改进
	组织过程焦点	引入看板方法实施过程改进
	组织培训	无，由公司负责组织
	集成化项目管理	引入看板实践
	产品集成	公共的系统（集成）测试环境、产品 blacklog（可视化地知道哪些功能已完成，可以集成）、持续交付
	需求开发	与客户一起的需求优先级制定、用户故事、产品 blacklog、原型引出隐藏需求、每日例会与现场客户持续沟通
	风险管理	持续交付、每日例会的问题提出和及时处理
	技术方案	设计公开介绍、交叉审核、开发人员互相学习、例会问题提出及解决

	CMMI	引入 Kanban 后开发过程改变的内容
成熟度等级	KPA 中文名称	支持内容
3	确认	系统测试实例提前让现场客户审核、对进行用户验收测试的现场客户责任到人、持续交付并反馈
	验证	交叉审核、系统测试实例提前让现场客户审核、公开表示审核责任人、通过每日例会进行验证结果的及时反馈及提出纠正措施
	决策分析与解决方案	无，遵从公司级别的要求

资料来源：团队整理。

从表 7 - 16 可知，新增的实践对大部分 CMMI 2 级及 CMMI 3 级的过程域都有支持。剩下的 4 个没有支持的过程域主要是组织级的过程域。但没有支持并不代表有冲突，可以沿用过程改进前以及公司层面的要求进行。

（2）参与最初 CMMI 编写团队的理查德和阿普尔瓦（Richard Turner and Apurva Jain）教授曾说"虽然存在很大的不同，但关于 CMMI 和敏捷方法的'油和水'的描述有点言过其词"。最初的 SW - CMM 的首席作者（Mark Paulk）将敏捷中的极限编程与 SW - CMM 的 18 个关键过程域进行了鉴定，认为 XP 部分或很大程度地解决了达到 CMM 3 级必需的 13 个域中的 10 个，同时它也不是其他 3 个域的障碍（Paulk，2001）。以此证明了 CMMI 与敏捷方法并不是水火不容的。事实上，有不少著名企业都引入了敏捷开发的行列，如爱立信、摩托罗拉、华为、中兴、腾讯等，其中个别企业还获得了 CMMI 4 甚至 CMMI 5 的认证。

此外，大量的研究及实践证明，敏捷及 CMMI 不但不是水火不容，甚至在一些情况下还能相互互补。

第一，CMMI 是过程标准，敏捷是实践方法，两者本质并无矛盾。CMMI 更加关注于过程，敏捷更加关注于人和沟通，两者的关注点互补（徐俊，2011）。

第二，在关注点上，CMMI 关注的是组织或企业级的改进，回答项目应该做什么。而敏捷更关注项目级的改进，回答项目具体该怎么做。双方在定位方面形成很好的互补：一方面，CMMI 为敏捷的开展提供了必需的组织治理框架和组织扩展能力；另一方面，敏捷为 CMMI 提供了项目级改进的具体实践，让团队在 CMMI 框架下获得了快速响应、不断创新、持续交付价值的能力（Hillel，2008）。

第三，CMMI 提供的系统工程实践能够在大型项目上帮助敏捷方法改进过程，CMMI 也提供过程管理和支持实践以帮助部署、支撑和持续提高敏捷方法的执行（Hillel，2008）。

第四，敏捷方法对人员能力的要求很高，但甚少提及如何提高人员能力的方法，而 CMMI 在每个过程域上都有对人员能力培训的共用实践要求。同时，组织培训过程域要求识别每个工作岗位的能力要求并根据人员的实际作出评估和培训（孙春艳，2014）。

第五，CMMI 注重流程和文档，敏捷更注重人与人之间的直接沟通、文化建设和自我管理。事实上，开发流程以及人都是开发项目取得成功的关键要素，通过 CMMI 和敏捷的结合，可让 CMMI 的流程更加灵活，并提高团队的互信互助，避免盲目的重流程和文档，让 CMMI 的实施更灵活，更以人为本（Cindy，2008）。

第六，很多企业在追求 CMMI 级别时，只关注是否达到了 CMMI 所规定的过程域，而忘记了实施 CMMI 的最终目的是改进他们构建软件的方式。他们只关注是否进行了 CMMI 所规定的活动并达到相应目标，却并没把实践得到的成果用于过程改进上。最后的结果是：钱花了，文档齐全了，过程规范了，可产品质量和交付能力却没有进步。而敏捷重点关注持续交付的产品，引入敏捷可以令 CMMI 的企业把实施 CMMI 的最终目的转移到对于产品的质量和交付能力的持续改进上。

第七，敏捷开发的灵活让人感到无章可循，也无标准及指南来对比管理成效的好坏，不知遵循什么来对管理工作进行改进。CMMI 提供了过程管理和支持的实践还有评价标准，有助于采用敏捷技术的组织持续提高。

第八，2010 年 10 月出版的 CMMI V1.3 模型中增加对敏捷方法的说明，有 10 个过程域的解释说明中提到了敏捷方法在这些过程域中的特征，这说明 CMMI 模型本身就对敏捷持开放态度。

第九，CMMI 有一个过程域—集成项目管理，它的目的是根据项目特性，对组织级别的管理过程、产品过程及过程中的产品进行裁剪，从而定义项目级别的过程集，对特定的项目进行管理。裁剪活动的工作产品就是项目已定义的过程（PDP）（孙春艳，2014）。这个过程域，为在项目级别引入敏捷实践打开了窗口。

通过对项目实际操作的分析以及从过往的研究及实践获得证明，我们项目在 CMMI 3 的框架上引入敏捷的实践，其实并不会对公司现存的 CM-MI 3 构成冲突。正是因为它的灵活性，促进了项目的高效实施。

7.5.3.7 针对其他类型问题的软件过程优化

在本章的数据分析中，我们发现除了需求变更、功能错误及设计错误外，还有一些软件错误在分布上也有一定的异常，但影响力并不大。这些问题包括环境/打包/版本控制错误、竞争条件错误、访问验证错误。这三种错误一定程度上与引起高优先级问题的显著因素有关，或自身就是关键因素，但历史出现概率不高，如环境/打包/版本控制错误。或自身并不是关键因素，但与某些显著因素有一定相关性，如竞争条件错误、访问验证错误。整体而言，这三种错误对项目影响不大。但在过程改进中，我们对这三种错误也提出了一些有针对性的措施。

环境/打包/版本控制错误源于程序迁移包内容的错漏。一旦出现，通常会引起紧急情况。尤其在生产环境的程序迁移过程中出现这种问题，会造成上线失败并要把生产环境回滚到上线前的版本，成为上升到管理层的最危急事件"incident"，要通告到总经理级别那里。发生在用户验收环境，也会影响开发团队的形象。这类问题虽在历史中出现机会不多，但在敏捷开发过程中，由于各个功能独立开发，完成了的新功能不断提交到用户验收环境中，因此，打包的频率比以前更高，需要加强这类型问题的预防。

构成这类问题的内容包括：打包过程中遗漏了某些源代码文件；多人改过的同一个程序的整合不完全或整合错误；使用的某些源代码的版本不正确；负责程序迁移的技术支持部门没用正确的方式实施迁移及环境的配

置等。这些归结起来可分为两大类：一类开发人员造成的问题；另一类技术支持部门造成的问题。针对这两类问题，我们分别处理问题的措施如下：

第一，开发人员造成的问题分析和措施：P 系统基于 ASP. net 框架，开发工具为 Visual Studio 2008 并安装于每个开发人员的本机，通过 Visual Studio 可以直接在本地启动一个独立的 P 系统作为开发环境。开发人员在本机进行独立的编码、单元测试甚至系统测试。直到程序迁移前，才会有人把大家所有改动整合到一起进行编译打包。问题就出在我们并没有一个公用的系统测试环境，所有的测试都在最后的整合打包前在开发人员各自的本机进行完毕了，因此，对于最终的迁移包，其实是没进行过严格的集成测试就提交程序迁移了，一旦整合中有缺漏，就直接在上线以后暴露在客户眼中了；另外，当用户验收测试环境中发现各类的问题而对相应代码进行修改后，也是直接把改后的代码集成到迁移包中，没有经过与其他相关程序的集成测试就又再提交用户验收测试迁移，因此，有可能出现"改好了这里，却弄坏了那里"的情况。为了应对这类情况，我们创建了公共的系统测试环境。要求所有人的系统测试均要进行打包并在系统测试环境中进行。由于只有一个系统测试环境，大家完成的改动都要放到这个地方进行系统测试，一个新的改动加入到系统测试环境时，该环境编译包里必然已包含之前其他人的所有改动，这符合敏捷开发所提倡的持续集成要求。及早整合并能用完整的代码进行集成测试，将减少了程序迁移时的整合风险。

第二，技术支持部门造成的问题是由于外包人员太多，人员的流动率较高。一些新人对迁移的过程不熟悉造成迁移出错甚至迁移失败。曾经由于一个必要步骤没做而造成生产环境的迁移失败，并且连恢复到上一个版本的过程也出错，两个在生产环境上重叠的严重错误直接导致工作出现严重滞后，被上级领导批评。针对这种情况的出现，我们为技术支持部门成员准备了详细的《操作手册》，把程序迁移中的详细步骤、注意事项及遇到问题时需要进行的处理均记录下来以保证技术支持部门同事的正确操作。

竞争条件错误主要来自并发性高的功能。如每天工作内容的录入功能。按公司的要求，所有员工在每天都要对自己当天所作的工作进行工时的录入。但事实上，大家都喜欢把事情拖到最后一刻，在周结日甚至月结日才把自己一周甚至一个月的数据录入。因此，在周结日和月结日会有超过 1000 人同时长时间地使用该功能。每当用户录入一条数据，系统会对数据库进行写入，并且对相应的任务和项目的相关信息进行汇总更新。因此，造成服务器和数据库压力过大，出现超时甚至写入错误等问题。由于是内部系统，我们一直对这类问题的重视不够，测试中也甚少进行压力测试。作为改善，在编码时我们要特别注意并发请求高的功能的性能改善，根据功能的实际情况通过优化代码、增加并发线程、调整缓冲区大小、调节连接超时长短、增加队列管理、对数据表加锁进行悲观并发控制等方式提高并发处理能力及防止数据的写入冲突。另外在测试中要对并发性高的功能进行压力测试，当测试中通过人手无法产生足够高的并发数时，可通过自动化测试工具或编写测试程序进行模拟压力测试。

访问验证错误源于对不同角色访问权限的配置错漏。P 系统是集团通用的项目管理系统，涉及多地区多种的人员角色配置，稍不注意就容易出错。为此，开发人员在做需求分析时应该了解清楚不同角色的访问权限区别并在功能设计说明书中描述清楚。进行测试时，要依据功能说明书描述用各种不同角色进行与访问权限有关的测试。

7.6　过程改进实施结果

P-SAP 项目从 2016 年 2 月开始到 5 月底正式上线，历时 4 个月。其中 P 系统功能开发历时 3 个月，2~4 月共 1840 人时。剩下 1 个月为财务人员上线前的业务准备。整个项目的开发过程总共产生 33 个各类型的 PIR，其中 5 个为紧急的 PIR。我们通过对 P 系统过往 10 年间 26 个总共从 461.5~5783 人时的项目作线性回归分析，发现项目的工时数与 PIR 总数以及高紧急程度 PIR 总数呈线性相关。图 7-27 为 10 年间的项目与 2016 年 P-SAP 项目的比较。

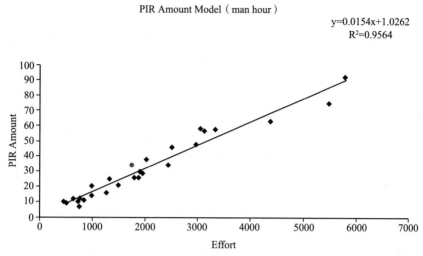

图 7 – 27　P 系统项目规模及 PIR 数目线性回归

2016 年的 P – SAP 开发项目所产生 PIR 总数为 33 个（图 7 – 27），稍微高于正常比例。但对于这种一开始需求高度不清、涉及人员之多而且时间紧迫的项目来说，这已经是一个比较满意的结果。图 7 – 28 是 P 系统项目规模及紧急 PIR 数目的线性回归。

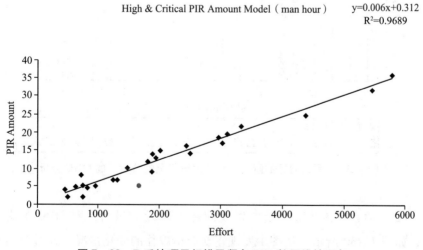

图 7 – 28　P 系统项目规模及紧急 PIR 数目线性回归

2016 年的 P - SAP 开发项目所产生紧急的（优先级为高和危急）PIR
总数为 5 个，明显低于历史水平。这归功于需求变更、功能错误和设计错
误等问题的数量下降且留到用户验收测试的比例减少以及严重程度高的问
题数量减少。以下就 33 个 PIR 进行 ODC 正交分析对该结论进行论证。

（1）对"引入问题的阶段"以及"发现问题的阶段"进行二维 ODC
正交分析，如图 7 - 29 所示。从图中可以发现各阶段引入的问题在发现阶
段中整体呈现逐层下降的趋势，分布趋于正常。留到用户验收测试才发现
的问题已占不到优势。

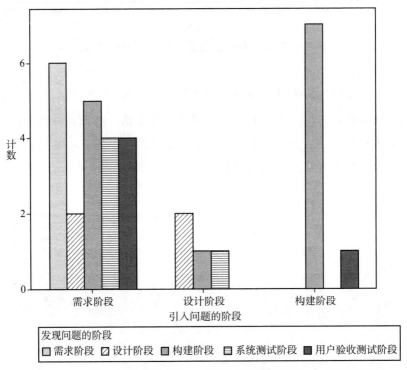

图 7 - 29 "引入问题的阶段"和"发现问题的阶段"的 ODC 分析

（2）对"问题类型"及"发现问题的阶段"进行二维 ODC 正交分
析，如图 7 - 30 所示。从图中发现正交分析以往的变化情况，通过分析和
归纳其产生原因如下：

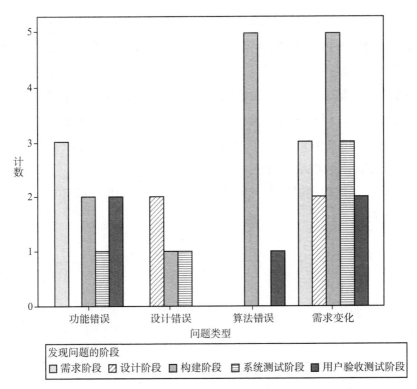

图 7 – 30 "问题类型"和"发现问题的阶段"的 ODC 分析

第一，开发人员对用户的需求理解有偏差而产生的功能错误，在需求阶段发现的比例最大，而留到用户验收测试阶段被发现的比例与以前相比得到抑制。这归因于：在需求阶段公开要求用户进行需求分析说明书的审核并要记下责任人及完成时间，从而让用户更认真地去审核需求分析说明书；硬性的交叉审核、在每日例会上大家及时提出问题、开发成员间的相互提点，能一定程度减少开发人员对需求理解的偏差；在需求阶段以后的后续阶段，开发人员依然与用户每日保持持续的沟通，有问题能得到用户及时的更正；通过在系统测试阶段让用户审核测试实例，能把一些以往用户验收阶段才发现的问题提前到系统测试中。

第二，设计错误大多在设计阶段就被发现，并没有到用户验收测试才发现，这归因于开发成员能有效地进行设计方案的分享，以及硬性的交互审核。

第三，以往在用户验收测试阶段出现比例畸高的需求变化，在用户验收测试阶段所占比例得到明显的抑制。虽然各发现阶段的分布比例还没有呈现逐层减少的理想状况，但对于这次项目的需求不确定性和面临的困难而言，追求理想的分布比例有点不现实。得益于整个开发阶段用户的持续沟通，用户在用户验收测试以后才提出需求变更的比例大幅减少。从图 7 – 30 中看出，在构建阶段通过快速做出模型让用户试用从而引出用户隐藏需求的作用很明显。

（3）对"问题类型"及"问题严重性"进行二维 ODC 正交分析，如图 7 – 31 所示。

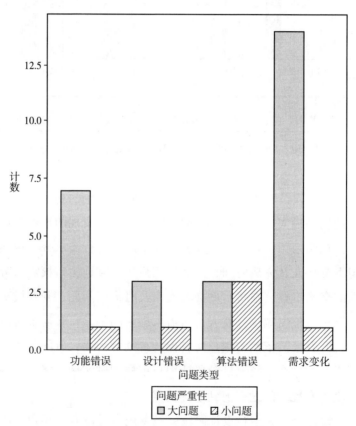

图 7 –31 "问题类型"和"问题严重性"的 ODC 分析

从图 7 – 31 可以发现，大问题在功能错误及需求变化所占的比例较以往明显减少。问题主要集中于一些在具体的小地方上的理解错误、界面的变化及简单的业务逻辑的变更，如开发人员不知道不足 6 位的公司代码要用 0，在前面补足 6 位；构建过程中用户要求在 SAP 接口文件多加一两列内容；对一些 SAP 上重复的人员信息在导入 P 系统时的处理逻辑改变等，并无太多涉及大方向性的复杂业务逻辑变更和严重的需求理解偏差。这归因于各功能"单件走"的原则让用户获得了较充足的前期业务分析时间来了解需要并与相关干系人取得协调，避免在之后出现大的需求变更；开发人员在需求分析的时候面对的是一个较清晰的需求，持续有效与用户沟通能加深对需求的理解；专心做一件事能提高质量。

（4）对"功能模块"及"问题类型"进行二维 ODC 正交分析，如图 7 – 32 所示，从中我们发现：

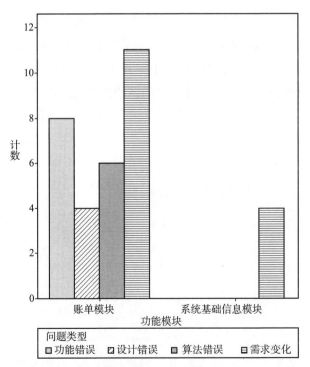

图 7 – 32　"功能模块"和"问题类型"的 ODC 分析

第一，这次的开发主要集中在账单模块的改动，附带一些系统基础信息模块的改动，其他模块均未作改动。开发总共产生 33 个 PIR，在上面与历史项目数据对比中 PIR 的数量看似没有减少。然而这次的开发集中于账单模块这个历史上的功能错误、设计错误及需求变化出现频率一直畸高的模块，而且这次开发在开始时的需求不确定性比以往项目要大。在这种情况下 PIR 的数量与历史相比并没有显著增加，反映出了过程改进对这三类问题实现了较有效的抑制。

第二，这两个模块的使用者比较单一，账单模块只有财务人员使用，系统基础信息模块只有行政人员使用。因此，开发涉及的功能并没有复杂的访问权限配置。另外这两个功能模块内的功能均是单人操作，不存在并发操作争夺资源的情况。因此，这次的开发没有出现访问验证错误和竞争条件错误，并不能说明过程改进中针对这两种类型问题的方法有效。仍需留待日后的开发进行验证。

第三，"单件走"的开发需要不断地对新完成的功能进行集成。在过程中对源程序的 check in/out 管理要求及程序迁移进行打包的频率均比传统的瀑布模型要高。在这次的开发中并没有出现环境/打包/版本控制错误，说明在过程改进中针对这种类型问题的措施比较有效。

第 8 章

研发员工社会网络案例分析

针对迅速增长的 IT 市场，软件供应商通常采用两种方式来实现大中型软件外包项目，一种模式是把一个软件项目分拆后再外包出去，母公司通过合同或契约与其他软件公司共同实施项目，这种方式虽然简单，但是软件项目的进度和整体质量难以控制；另一种模式是根据开发的需要构建临时的人力资源计划，通过以合同外派的模式吸纳其他公司剩余的研发员工，让他们临时嵌入到自己的软件项目团队中，调剂本公司人力资源的不足。我们把第二种模式理解为 IT 公司把本行业作为一个人力资源池，公司根据项目需要可以随时从这个池中获取合适的人力资源，这种模式由于成本低，项目质量相对更容易控制，因此，被 IT 外包公司广泛采纳，但这种研发模式导致公司外包项目的人力资源形态从单一形态到多元形态的转变，即某公司的一个外包软件项目团队可能由所属不同外包软件供应商的研发员工构成，这个新的研发团队的员工网络结构与关系的形成、员工间的项目沟通方式、公司激励策略以及群体行为对个人行为的影响等引发了我们的研究兴趣，本章关注人力资源形态多元环境下，员工网络结构与关系对创造力的影响，具体研究问题如下：

（1）人力形态多元化外包项目员工的网络结构特征对员工创造力的影响；

（2）知识分享行为在员工网络结构与创造力之间的中介效应分析；

（3）人力资源形态多元化的项目团队网络特征与激励机制。

8.1　数据收集

　　根据研究设计及我们讨论的问题，我们需要对研究数据进行分析。由于员工研发网络有比较明确的网络边界，我们选择一家公司的项目团队作为研发社会网络来进行讨论。所研究的对象是一家为某电信公司提供外包服务项目的软件服务公司，由于项目的需要，公司经常与其他公司以合同方式借调研发员工，以形成项目所需要的研发团队成员，这种模式与传统的 IT 外包项目有所不同，公司的外包项目团队是由 3 家公司外派员工与本公司员工形成的项目团队，员工共计 68 人，其中本公司员工 32 人，3家合作公司外派员工分别为 20 人、8 人和 8 人。为了保证问卷填写的客观性，问卷以匿名方式填写，由小组负责人回收。问卷填写员工特征如表8-1 所示。

表 8-1　　　　　　　　　　　问卷填写员工特征

属性特征	特征取值	数量（人）	比例（%）
性别	男	49	72
	女	19	28
年龄	<30 岁	43	63
	30~35 岁	16	24
	36~40 岁	6	9
	41~45 岁	3	4
	>46 岁	0	0
司龄	<3 年	51	75
	3~5 年	9	13
	>5 年	8	12

续表

属性特征	特征取值	数量（人）	比例（%）
工龄	<5 年	28	41
	5~10 年	22	32
	11~20 年	16	24
	21~30 年	2	3
	>30 年	0	0
教育程度	大专以下	0	0
	大专	16	24
	本科	46	68
	研究生	4	6
	MBA/MPM	2	3
职位	员工	63	93
	基层主管	4	6
	中层干部	1	1
问卷填写总人数（人）		68	

8.2 数据检验

员工的知识分享行为和个人创造力的测量选择了成熟测量模型进行测量，应用 SPSS 统计软件，我们针对员工的知识分享行为和创造力进行了信度和效度分析，分析结果如表 8-2 所示，从表 8-2 可知，研究数据集具有较好的信度，其两个构念的 KMO 值都大于 0.6，并且巴特利球体检验显著，说明数据集适合做主成分因子分析，应用 SPSS 软件再进行效度分析，数据集显示出较好的结构效度。

对于回收的员工关系问卷，在通过外部观察确认员工的关系后，我们构建了员工在 6 个情境下的整体社会网络，分别是员工的工作讨论网络、员工工作咨询网、员工帮忙网、员工娱乐网、员工聊天网和员工倾诉网，并应用 UCINET 软件工具提取了员工在不同网络中员工的中介中心性、出

表 8 - 2   信度与效度分析

	问卷题项简写	因子	信度
员工 创造力	克服困难、解决问题	0.658	0.899
	创造新的事务	0.804	
	新视角看问题	0.843	
	同时处理新的问题	0.779	
	帮助同事产生创意	0.862	
	许多新点子	0.816	
	频繁变化的刺激	0.786	
	旋转后特征	4.423	KMO = 0.870 ***
	累计解释	63.19%	
员工知识 分享行为	鼓励同事学习新技能	0.623	0.924
	示范不易说明的事	0.831	
	对新同事提供学习机会	0.735	
	与同事分享经验	0.771	
	积极参加讨论会	0.771	
	将自己的知识提供给同事	0.725	
	尽可能回答同事的问题	0.819	
	帮助同事提供资料	0.869	
	尽可能让同事获得帮助	0.820	
	协助同事获得他人知识	0.774	
	旋转后特征	6.032	
	累计解释	60.342%	KMO = 0.884 ***

注: *** 代表 p < 0.01。

度和入度, 其中员工的出度指员工在一个特定主题网络中主动联系他人的数量, 入度指员工接受外来员工的邀请数量, 这两个变量反映员工在网络中的活跃程度, 影响他人的程度和受欢迎程度, 而中介中心性指该员工在多大程度上控制他人之间的交往, 如果这个值越大说明这个员工越有能力影响不同的员工进行交往。

8.3 模型参数估计及员工行为激励

根据不同主题，我们构建了 6 个员工整体社会网络，每个主题的网络结构自变量选取 3 个，因此，在多个自变量的情况下，哪些自变量对员工的创造力和知识分享会产生较大的影响需要借助系统软件来进行识别，我们利用 SPSS 软件线性回归模型自动删除模式，对没有影响因变量的自变量逐步删除，最终获得表 8 – 3 的模型系数估算。

表 8 – 3   模型系数估算

自变量	模型 1		模型 2		模型 3		模型 4	
	系数	VIF	系数	VIF	系数	VIF	系数	VIF
（Constant）	– 0. 010		– 0. 009		– 0. 006		– 0. 376	
讨论网中介	0. 205 *	1. 098	– 0. 037	1. 098	0. 225 **	1. 099	0. 198 **	1. 121
意见网出度	– 0. 425 ***	1. 460	– 0. 244 *	1. 460	– 0. 297 ***	1. 535	– 0. 302 **	1. 804
娱乐网入度	– 0. 374 ***	1. 135	– 0. 263 **	1. 135	– 0. 236 **	1. 223	– 0. 166	1. 442
倾诉网出度	0. 335 **	1. 535	0. 488 ***	1. 535	0. 079	1. 833	0. 089	2. 103
聊天网出度	– 0. 605 **	6. 064	– 0. 569 **	6. 064	– 0. 306	6. 476	– 0. 311	6. 557
聊天网中介	0. 712 **	6. 605	0. 565 *	6. 605	0. 415 *	7. 010	0. 445 *	7. 340
知识分享					0. 525 ***	1. 253	0. 550 ***	1. 301
性别							0. 486 **	1. 438
受教育程度							0. 189	1. 413
司龄							– 0. 052	1. 473
R	0. 290		0. 202		0. 510		0. 569	
F	4. 088 ***		2. 527 **		8. 783 ***		7. 252 ***	

注：*** 、** 、* 分别代表 $p < 0.01$、$p < 0.05$、$p < 0.1$。

通过 6 个员工网络特征提取并进行变量的逐步剔除回归，我们发现员工不同主题下的网络结构特征对员工个人创造力的影响不同，其中工作上遇到了问题找人帮忙网的员工结构特征对创造力没有显著影响，这反映了知识型员工在陌生的环境下不愿意求助别人的思维模式。而聊天网中介、工作讨论网中介和倾诉网出度对员工创造力具有显著的正向影响，说明处在聊天网与讨论网中介位置的人受到别人的信任，愿意通过他来传递一些信息，因此，他通过筛选相关信息，可以增加他个人的创造力。在研发部门，乐于倾诉是员工一般的减压方式，工作压力大的员工通过这种方式可以减少工作压力，从而有利于放下心理包袱推动创新。然而，有些网络结构对创造力的影响为负，如工作咨询意见网过多地去打扰他人的人创造能力弱，因为凡事找人咨询，不善于担负应该的责任，使他们本身的创造力降低，同样，对于乐于找人聊天的员工和被经常邀请出去玩的人其创造力弱，这部分员工可能成为娱乐领袖，对于组织内的研发紧张氛围具有一定的调节作用。表 8 - 3 中的模型 1 及上述讨论使我们的假设 8 获得检验，与彭建平 2016 年的实证结论一致。

　　知识分享是当今员工协同创新的关键，员工通过工作交流，相互增进了解，个人会根据自己的偏好自组织形成不同的非正式网络，从表 8 - 3 中的模型 2 回归来看，员工知识分享行为受到不同网络结构特征的影响，我们的假设 9 获得检验，与彭建平 2016 年的实证结论一致。员工倾诉网出度和聊天网的中介特征对员工知识分享存在正向影响，而对于其他存在负影响。这说明在临时组织内，员工不太愿意进行知识分享，其中一个重要原因是员工相互不了解，通常现象是同一个公司的人喜欢聚集在一起。

　　从表 8 - 3 中的模型 3 的回归结果中可以发现，员工的网络结构部分特征对员工创造力存在显著影响，其中，员工工作讨论网和聊天网中介性高的员工具有高的创造力，而喜欢向别人征询意见或工作中经常拿不定主意的人以及其他同事喜欢找他去娱乐的人其创造力相对较弱，但是比较爱向同事倾诉的人创造力较强。员工的知识分享行为对员工网络结构与员工的创造力存在部分中介和完全中介作用，其中，知识分享完全中介了倾诉网和聊天网出度对创造力的影响，部分中介了讨论网和聊天网员工中介性、意见网出度和娱乐网入度对员工创造力的影响。因此，假设 10 获得检验，这与彭建平 2016 年的实证结论一致。

为了厘清不同公司员工在不同网络中的特征及创造力的关系，我们应用 SPSS 对不同公司员工的网络特征与行为进行了分类讨论，获得了表 8-4。从表 8-4 中可以发现，在讨论网中，公司 A、公司 B 和公司 C 的中介性高，他们由母公司的员工安排工作，而母公司员工在团队中是协调者，由于母公司员工对外来员工的个人特长不是非常熟悉，需要外来员工协助对研发工作的协调，外来员工中具有较高的中介度的人是外公司的核心成员，因此，这些人具有较强的研发能力并受到本公司人的信任。讨论网出度中母公司员工的平均值最高，由于他们是项目的组织者和管理者，因此，他们会与其他公司的员工相互讨论和确认项目的需求，而投入研发精力相对降低，在这个项目中母公司员工主要起组织和协调作用。而聊天网中介性高的是母公司的员工，他们既是联络员也是协调员，通过他们不同公司的员工可以相互更多地了解，更好地促进团队的创造力。

征询意见网是员工进行工作汇报的重要渠道，员工网络出度是员工主动联系其他成员的重要参数，从表 8-4 可知，母公司员工平均征询意见的出度最高，说明他们的工作重点是协调不同公司的员工一起工作，做到上传下达的作用。而喜爱娱乐的人会被别人邀请去活动，这类人由于经常组织活动对于研发的投入可能受到一定程度的影响。

表 8-4　　　　　　　　不同公司员工在社会网络中的结构特征

员工来源	统计量	创造力	知识分享	讨论网中介	意见网出度	娱乐网入度	倾诉网出度	聊天网出度	聊天网中介
母公司	均值	-0.073	0.129	-0.055	0.225	0.205	0.133	0.028	0.139
	标准方差	1.050	0.968	0.653	1.329	1.319	1.096	0.847	0.898
外包 A 公司	均值	-0.227	-0.517	0.275	0.011	-0.177	0.096	0.231	0.047
	标准方差	1.036	1.078	1.490	0.510	0.638	1.013	1.469	1.452
外包 B 公司	均值	0.194	0.408	0.018	-0.229	0.263	-0.010	-0.206	-0.339
	标准方差	1.003	0.979	1.113	0.452	0.488	0.909	0.250	0.153

员工来源	统计量	创造力	知识分享	讨论网中介	意见网出度	娱乐网入度	倾诉网出度	聊天网出度	聊天网中介
外包 C公司	均值	0.655	0.383	−0.443	−0.753	−0.604	−0.631	−0.470	−0.303
	标准方差	−0.073	0.129	−0.055	0.225	0.205	0.133	0.028	0.139

员工的倾诉网反映员工的情感交流，而有较高出度的人，说明他经常向团队的多人倾诉或发牢骚，但是这类人有比较积极的意愿进行知识分享，他们的创造力是通过知识分享来传递的。从表 8-4 来看，母公司员工平均倾诉网出度最高，而外公司员工来到新的团队由于大家相互不太了解，所以向别人倾诉会自我控制。我们结合表 8-3 与表 8-4 来看，喜欢倾诉的员工创造力较高，而员工的知识分享行为完全中介了他们，即喜欢倾诉的员工也喜欢知识分享。

针对上述讨论，通过改善员工的社会网络，增加员工的互信和互助来促进不同公司员工的知识分享和创新。员工网络的中介中心性是员工相互信任的重要变量，讨论网中介度和聊天网中介度高的员工既是不同公司员工间的联络员，也是不同公司员工间的信息传递者，由于他们在这两个网络桥的位置上，他们具有较高的创造力，因此，母公司应该更多地关注这些员工，让他们传递更多的正能量，同时在研发团队中母公司员工尽可能多聆听不同公司员工的倾诉和意见，通过各种机会来改善与外包公司员工的关系，推动团队内的知识分享，并充分利用外包公司中员工的知识和创造力。

企业研发团队人力形态的多元化是基于研发成本和员工知识互补的优势而形成的研发团队，不同的软件研发企业其业务需求不同而定位不同，因此，有效整合不同的软件研发员工资源并进行软件项目开发的核心问题是如何挑选研发员工并快速地形成高效的研发团队及支撑项目所需要的研发网络。从我们讨论的案例来看，不同主题的员工网络对员工个人的创造力影响不同，因此，作为研发团队的组建公司在人力形态多元化的环境下，尽可能合理地进行性别搭配，通过各种方法鼓励本公司的员工与其他公司员工更多的交流，安排一些专门的团队活动，加强不同员工间的信任和沟通，在有条件的情况下设立项目团队创新奖，通过项目的进度及完成情况来奖励团队员工，并对于创新能力强的员工提供选择去留的权力，以激发员工的创造力及协同研发能力。

第 9 章
总结及展望

　　本书根据国家安全漏洞库披露的不同软件产品漏洞数、漏洞特征以及补丁数等漏洞信息，推动软件研发企业软件漏洞学习来改进企业绩效。通过软件漏洞数据库中漏洞信息的挖掘，软件厂商不仅可以从自身的错误中学习，也能从其他厂商的错误中吸收经验知识，对自己的产品不断改进，使自己的产品漏洞数目减少。作者认为漏洞数的减少在很大程度上反映出软件厂商的学习能力改善，而学习能力的改善可减少同类软件错误重复出现的概率。

　　企业实现价值是通过一系列的企业制度、协调机制等将智力资本转化为可商品化的产品和服务，最终创造价值。智力资本是公司最重要的生产力因素，同时也是财富生产和经济发展的重要工具，企业应该管理好并增加智力资本来保持核心竞争力。

　　软件企业是知识密集型企业，它的生产过程实质就是投入人力、财物和知识，通过知识群体的努力，生产出知识产品的过程。相对于其他企业而言，智力资本对软件开发企业的作用更为关键，影响更深远。因此，基于漏洞特征的组织学习与智力资本、绩效的关系探索成为本书的核心内容。

　　从目前的众多软件企业的实践来看，软件厂商多数关注从技术上解决产品问题，而从漏洞数据统计和管理的角度进行学习来改善软件质量的不多。通过对公开漏洞库中获取的不同漏洞类型的信息，可以帮助软件厂商从管理的视角去发现影响绩效的关键漏洞特征的学习，从而有针对性地运用企业有限的资源进行定向学习，最终使企业的效益最大化。

本书利用国家安全漏洞库披露的漏洞数据，分析了不同软件群体的漏洞特征学习能力对研发质量与产品风险的影响，根据已有文献来探索组织学习能力对智力资本与绩效的调节作用及影响企业绩效的机理，为企业绩效的提升提供理论支持，而真实的案例研究为企业提供了可操作的学习路径。

9.1　主 要 结 论

本书基于中国国家信息安全漏洞库 2010～2016 年披露的漏洞信息和对应的软件研发企业的财务数据，探讨了专有软件研发社群和开源软件研发社群的漏洞特征的学习成果对软件质量与软件应用风险的影响，以及在安全漏洞学习条件下的智力资本中介研发投入与企业绩效的关系探讨，作者通过构建不同的理论模型，应用不同的数据库中的数据对提出的理论假设进行了检验，其主要研究发现如下：

首先，当用漏洞总数表示学习成果时，本书通过负二项回归模型识别出两类研发社群的关键漏洞特征与质量的关系。结果表明，专有软件研发社群提高输入验证错误特征的学习能力可以显著减少漏洞总数，开源软件研发社群提高边界条件错误、设计错误和意外情况错误特征的学习能力，可以显著减少漏洞总数。

其次，当用漏洞风险表示学习成果时，作者先用潜在剖面模型分别确定两类研发社群潜在的 4 种漏洞风险状态，并通过 Logistic 回归模型识别出显著避免不利的漏洞风险状态的关键漏洞特征。结果表明，专有软件研发社群提高输入验证错误和设计错误特征的学习能力，可以显著避免从安全状态转移到危险状态和激发状态，开源软件研发社群提高输入验证错误、设计错误、访问验证错误和意外情况错误的学习能力，可以显著降低漏洞风险。本书的风险分类解决了某期不同风险漏洞个数组合下整体风险评估状态与关键漏洞特征学习的关系。

再其次，通过构建的理论模型，对智力资本如何中介研发投入与企业绩效的关系进行了检验，发现软件安全漏洞学习具有双调节作用，定向学习不但能改进软件质量，同时还能正向调节智力资本与组织绩效、研发投入对智力资本的影响效果。

最后，通过两个具体的企业软件项目研发案例，详细阐述了企业如何通过软件研发错误学习与软件过程的改善来提升软件质量，以及如何通过员工社会网络来强化知识分享与创新行为。研究说明研发过程和员工社会网络与软件质量的内在关系，以及研发过程优化和网络节点的激励所带来的创新质量，案例的讨论对同行如何利用过去数据和现有研发员工社会网络，通过有针对性地学习、研发过程的优化和知识分享机制来提升研发质量具有积极的理论与实践意义。

9.2　管理建议或启示

通过本书的研究，两类软件研发社群可以利用公共漏洞库数据，识别自身的关键漏洞特征，集中力量提高关键漏洞特征的学习能力，有效地减少漏洞总数，降低漏洞风险，从而改善软件质量。具体而言，本书给出了相应的研发过程优化策略、路径与建议。

专有软件研发社群应该特别关注输入验证错误和设计错误的学习能力，尤其是输入验证错误。专有软件研发社群在软件开发测试过程中，应该有针对性地在软件开发的架构与设计、编码实施、测试阶段加大研发投入，对用户输入采取充分的检查措施，减少输入验证错误漏洞的数量。例如，额外加入一个输入的验证框架；或者确保在服务器端可以复制在客户端执行的任何安全检查；或者使用白名单严格规范可接受的输入；或者加强跨语言边界代码的输入验证规则；或者使用与程序交互的动态分析工具加强软件的输入测试等。在共同学习方向上，专有软件研发社群应增大技术交流的范围，尤其是不能囿于目前所处的企业联盟，应该与更多的对象建立合作关系。

开源软件研发社群应该特别关注输入验证错误、边界条件错误、设计错误、访问验证错误和意外情况错误的学习能力，尤其是意外情况错误。开源软件研发社群在以互联网为基础的分布式开发过程中，应该有针对性地设置开发要求，避免程序日常运作中极少可能出现的突发情况被攻击者利用，产生较多的意外情况错误漏洞。例如，选择有异常处理特性的语言，迫使不同的开发者预想可能生成的异常条件，需要开发自定义异常来处理不寻常的业务逻辑条件；或者在各部分开发完成后，统一检查所有函数，验证返回值是否符合预期；或者确保捕获异常时不会记录高度敏感的信息；或者确保程序被恶意攻击后能正常中止运行等。在共同学习方向上，开源软件研发社群应加强内部的技术交流，完善社区内的项目开发管理和问题跟踪管理，保障社区内的漏洞特征知识可以顺利高效地共享。

研发投入、智力资本与企业绩效的关系在本书中专门做了实证，对于知识密集型企业，智力资本是创造价值的核心能力，因此，在研发投入上需要关注如何有效激活创新能力的智力资本，这是企业获得创新绩效的关键。同时，关注对过去软件研发错误的学习，减少同类软件漏洞错误出现的概率。

研究案例通过一个研发团队的软件质量问题的讨论，借助分类回归模型与正交分析方法，一是找到产生质量问题的原因，二是产生软件质量问题的软件研发阶段，然后有针对性地提出基于软件过程优化的改进意见，对软件过程改进后的效果进行评价。对软件团队如何基于过去问题的学习来改进软件过程提供了学习路径。同时，也证明了漏洞错误的学习对质量的提升具有明显的效果。最后，作者还利用社会网络的研究方法探讨了软件研发团队的网络结构、知识分享行为对创造力的影响，检验了本人所构建的理论假设。为软件企业如何通过研发网络的构建更好地提升员工创造力提供了理论依据。

9.3　不足之处与展望

本书的系统研究与所有研究一样存在局限与不足，其研究仍然存在可以继续探讨和扩展的内容。首先，对于软件研发社群学习成果的衡量，无论是漏洞数量还是漏洞风险都不能全面地对学习成果评价，社群修复漏洞的成本、补丁数量等其他因素都能一定程度地反映社群学习的效果，如何综合考虑这些因素，全面评价社群的学习成果，需要收集更多的二手数据做进一步的深入探讨；其次，对于漏洞风险的衡量，通过潜在剖面分析确定的风险状态只能部分地反映漏洞风险程度的差异，具有一定的局限性，如何根据漏洞信息衡量漏洞风险可以做进一步的探讨；再其次，由于软件漏洞数据库中的企业信息与企业市场数据库的对应个数有限，实证的软件研发企业太少，其说服力有限；最后，本书利用的是漏洞信息，漏洞来自软件，但本书缺乏对软件信息的分析，如应用场景、应用企业类型或应用人群等，而这些信息对软件的安全风险影响不同，因此，未来将结合软件信息与软件研发社群行为作更深入地讨论。

　　软件安全漏洞是衡量软件质量非常重要的指标，如何减少软件安全漏洞是业界共同关注的重要问题，而软件工程师多年的目标是希望提升软件研发质量，降低软件的研发成本，作为软件企业管理者如何从过去的错误中学习，吸取教训，规避同类错误的出现值得我们持续思考和探索，笔者希望继续探讨如何从组织层面及行为层面提升软件的研发质量，通过更多的规律寻找与发现，来丰富软件漏洞学习理论并指导企业通过定向学习来促进软件质量的提升。

参 考 文 献

［1］艾瑞克·弗洛姆．坚持"一的原则"——美国心理学家给儿子的一封信［J］．领导文萃，2015（24）：110－112．

［2］曹科岩，龙君伟．团队共享心智模式对团队有效性的影响机制研究［J］．科研管理，2009，30（5）：55－161．

［3］巢琳，杨婉君，郑雪．基于潜在剖面分析的中小企业员工心理资本［J］．中国健康心理学杂志，2017，25（1）：54－60．

［4］陈爱真，曾福萍，陆民燕．基于ODC的软件缺陷度量研究［J］．计算机应用研究，2010，27（2）：563－565．

［5］陈帆．成功的道路是目标铺出来的［J］．思维与智慧，2008（3）：23．

［6］陈建丽，孟令杰，王琴．上市公司研发投入与企业绩效的非线性关系［J］．中国科技论坛，2015（05）：67－73．

［7］陈亮，陈忠，李海刚，赵正龙．基于复杂网络的企业员工关系网络演化［J］．上海交通大学学报，2009，43（9）：1388－1393．

［8］陈晓，孙凌．独处不等于人际交往能力不足：基于潜在剖面分析［J］．心理技术与应用，2016，4（12）：723－731．

［9］陈子凤，官建成．合作网络的小世界性对创新绩效的影响［J］．中国管理科学，2009，17（3）：115－120．

［10］戴小勇，成立为．研发投入强度对企业绩效影响的门槛效应研究［J］．科学学研究，2013，31（11）：1708－1716．

［11］丁志华，李萍，胡志新等．团队创造力数学模型的研究［J］．

九江学院学报（自然科学版），2005，20（3）：107－110.

［12］傅世侠，罗玲玲.建构科技团队创造力评估模型［M］.北京：北京大学出版社，2005.

［13］高娟，汤湘希.智力资本作用机制：直接效应·间接效应·调节效应［J］.华东经济管理，2014，28（06）：106－111.

［14］郭黎，张爱华，乐洋冰.智力资本、研发投入与企业绩效的实证分析［J］.统计与决策，2016（19）：186－188.

［15］黄明，曾庆凯.软件脆弱性分类属性研究［J］.计算机工程，2010，36（1）：184－186.

［16］黄攸立.企业创新绩效影响因素的研究综述［J］.北京邮电大学学报，2010，12（4）：71－77.

［17］贾明琪，张宇璐.软件信息业研发投入——研发费用加计扣除与企业绩效实证研发［J］.科技进步与对策，2017，34（18）：51－58.

［18］简兆权，刘荣，招丽珠.网络关系、信任与知识共享对技术创新绩效的影响研［J］.研究与发展管理，2010，22（2）：64－71.

［19］蒋天颖，王俊江.智力资本、组织学习与企业创新绩效的关系分析［J］.科研管理，2009，30（4）：44－49.

［20］解学梅，左蕾蕾.企业协同创新网络特征与创新绩效：基于知识吸收能力的中介效应研究［J］.南开管理评论，2013，16（3）：47－56.

［21］柯江林，孙健敏，石金涛，顾琴轩.企业 R&D 团队之社会资本与团队效能关系的实证研究——以知识分享与知识整合为中介变量［J］.管理世界，2007（3）：89－102.

［22］克雷格·卡曼著，张晓坤译.敏捷迭代开发：管理者指南.北京：人民邮电出版社，2013.

［23］兰建平，苗文斌.嵌入性理论研究综述［J］.技术经济，2009，28（1）：104－108.

［24］李婵娟，夏结来，姚晨等.负二项回归在新药安全性评价中的应用［J］.医学争鸣，2004，25（24）：2215－2218.

［25］李红梅，李宁.从提高员工工作绩效看社会助长理论［J］.社

会心理科学，2005，3：109－113.

［26］李怀斌．客户嵌入型企业范式研究［M］.北京：清华大学出版社，2009：04.

［27］李建良．智力资本、组织学习与企业成长［J］.商业研究，2013（07）：85－92.

［28］李金华，孙东川．复杂网络上的知识传播模型［J］.华南理工大学学报，2006，34（6）：99－102.

［29］李久鑫，郑绍濂．管理的社会网络嵌入性视角［J］.外国经济与管理，2002（6）：6－10.

［30］李淼，吴世忠．软件漏洞起因的分类研究［J］.计算机工程，2006，32（20）：163－165.

［31］林聚任．社会网络分析：理论、方法与应用［M］.北京：北京师范大学出版社，2009：04.

［32］刘冰峰．研发创新能力、伙伴异质性与绩效研究［J］.技术经济与管理研究，2018（02）：48－53.

［33］刘嫔，唐朝京，张森强．基于网络的安全漏洞分类与扫描分析［J］.太赫兹科学与电子信息学报，2004，2（4）：318－320.

［34］鲁伊莎，曾庆凯．软件脆弱性分类方法研究［J］.计算机应用，2008，28（9）：2244－2248.

［35］陆玉梅，王春梅．R&D投入对上市公司经营绩效的影响研究——以制造业、信息技术业为例［J］.科技管理研究，2011，31（05）：122－127.

［36］罗伯特．敏捷软件开发：原则、模式与实践［M］.北京：清华大学出版社，2003.

［37］罗伯特·西奥迪尼著，陈叙译．影响力［M］.沈阳：万卷出版公司，2010.

［38］罗家德．社会网分析讲义（第二版）［M］.北京：社会科学文献出版社，2010.

［39］罗家德．中国管理本质——一个社会网的观点［J］.南京理工

大学学报（社会科学版），2011，24（1）：31-40.

[40] 罗瑾琏，王亚斌，钟竞. 员工认知方式与创新行为关系研究——以员工心理创新氛围为中介变量 [J]. 研究与发展管理，2010，22（2）：1-8.

[41] 彭建平. 基于员工嵌入性视角的组织创造力研究 [M]. 北京：科学出版社，2016.

[42] 彭建平. 员工社会网络关系对知识分享行为的影响研究——以某企业研发部门为例 [J]. 技术经济与管理研究，2017（01）：46-54.

[43] 彭建平. 员工社会网络特征对员工知识分享行为和绩效的影响——来自珠江三角洲某企业的案例研究 [J]. 研究与发展管理，2011，23（4）：1-10.

[44] 任胜钢. 企业网络能力结构的测评及其对企业创新绩效的影响机制研究 [J]. 战略管理，2010，13（1）：69-80.

[45] 邵云飞. 社会网络分析方法及其在创新研究中的运用 [J]. 管理学报，2009，6（9）：1188-1193.

[46] 沈云凌. 浅谈 Scrum 方法与 CMMI 相结合的软件配置管理过程 [J]. 移动通讯，2012，5：156-158.

[47] 苏斌原，张洁婷，喻承甫等. 学生心理行为问题的识别：基于潜在剖面分析 [J]. 心理发展与教育，2015，31（3）：350-359.

[48] 孙春艳，刘颖，赵殿奎. 基于 CMMI 质量管理体系引入敏捷方法的实践 [J]. 计算机与网络，2014（1）：66-69.

[49] 汤超颖，朱月利，商继美. 变革型领导、团队文化与科研团队创造力的关系 [J]. 科学学研究，2011，29（2）：275-282.

[50] 唐成华，田吉龙，王璐，王丽娜，强保华. 一种基于软集和多属性综合的软件漏洞发现方法 [J]. 计算机科学，2015（05）：183-187.

[51] 王大洲. 企业创新网络的进化与治理：一个文献综述 [J]. 科研管理，2001，22（5）：96-103.

[52] 王广凤. 开源软件与专有软件的竞争 [D]. 辽宁大学，2008.

[53] 王建军，陈思羽. 创新、组织学习能力与 IT 外包绩效关系研

究：关系质量的中介作用［J］. 管理工程学报，2016，30（02）：28 - 37.

［54］王莉，方澜，罗瑾琏. 顾客知识、创造力和创新行为的关系研究——基于产品创新过程的实证分析［J］. 科学学研究，2011，29（5）：777 - 784.

［55］王黎萤，陈劲. 国内外团队创造力研究述评［J］. 研究与发展管理，2010，22（4）：62 - 68.

［56］王素莲，阮复宽. 企业家风险偏好对 R&D 投入与绩效关系的调节效应——基于中小企业板上市公司的实证研究［J］. 经济问题，2015（06）：80 - 83.

［57］王晓婷. 高技术产业 R&D 投入与企业绩效相关性实证研究——来自中小板上市公司的经验证据［J］. 财会通讯，2015（36）：32 - 34.

［58］魏江，郑小勇. 关系嵌入强度对企业技术创新绩效的影响机制研究——基于组织学习能力的中介性调节效应分析［J］. 浙江大学学报，2010（9）：68 - 80.

［59］吴鹏，马桑妮，方紫琼等. 父母教养方式的潜在类别：潜在剖面分析［J］. 心理与行为研究，2016，14（4）：523 - 530.

［60］吴晓波，刘雪锋. 全球制造网络中知识转移过程及影响因素研究［J］. 技术经济，2007，26（2）：1 - 6.

［61］吴晓波，韦影. 制药企业技术创新战略网络中的关系性嵌入［J］. 科学学研究，2005，23（4）：561 - 565.

［62］谢员，江光荣，邱礼林等. 青少年健康相关危险行为的类型及与心理健康的关系：基于潜在剖面分析的结果［J］. 中国临床心理学杂志，2013，21（4）：650 - 653.

［63］邢彬彬，姚郑. CMM/CMMI 与软件生命周期模型关系的研究［J］. 计算机应用研究，2007，24（11）：65 - 69.

［64］邢俊峰. 开源软件与专有软件竞争分析［D］. 暨南大学，2009，58.

［65］徐飞. 负二项回归模型在过离散型索赔次数中的应用研究［J］. 统计教育，2009（4）：53 - 55.

［66］徐俊，彭章纲．敏捷开发过程与 CMMI 实施融合研究［J］．现代计算机，2011（24）：21－23.

［67］徐良华，史洪，朱鲁华．脆弱性分类技术综述［J］．小型微型计算机系统，2006，27（4）：627－633.

［68］许庆瑞，贾福辉，谢章澍，郑刚．基于全面创新管理的全员创新［J］．科学学研究，2003，21（S1）：252－256.

［69］杨玉浩，龙君伟．企业员工知识分享行为的结构与测量［J］．心理学报，2008，40（3）：350－357.

［70］尹相乐，马力，关昕．软件缺陷分类的研究［J］．计算机工程与设计，2008，29（19）：4910－4913.

［71］喻子达，刘怡．基于项目层面的失败中学习［J］．科学学与科学技术管理，2007，28（6）：134－138.

［72］原毅军，李宜，高微．智力资本投资与企业资本化发展——基于软件上市公司的实证研究［J］．大连理工大学学报（社会科学版），2009，30（2）：16－21.

［73］曾莉．从"小和尚效应"看社会惰化［J］．科技信息，2010，2：162.

［74］曾楠，高山行，崔宁宁．企业内部资源、能力与外部网络对绩效的交互效应研究［J］．技术与创新管理，2011，32（3）：230－236.

［75］张宝建，胡海青，张道宏．企业创新网络的生成与进化——基于社会网络理论的视角［J］．中国工业经济，2011（4）：117－126.

［76］张方华．网络嵌入影响企业创新绩效的概念模型与实证分析［J］．中国工业经济，2010（04）：110－119.

［77］张晓刚．面向软件过程改进的知识管理技术研究［D］．中国科学院研究生院，2003.

［78］赵荔．创业失败学习的实证研究［J］．企业经济，2012（11）：25－28.

［79］郑刚．基于 TIM 视角的企业技术创新过程中各要素全面协同机制研究［D］．浙江大学，2004.

［80］郑仁伟，黎士群．组织公平，信任与知识分享行为之关系性研究［J］．人力资源管理学报，2001，1（2）：69－93.

［81］朱承丞，董利达．一种多线程软件并发漏洞检测方法［J］．西安电子科技大学学报（自然科学版），2015（2）：167－173.

［82］Abdel－Hamid，T. K. and Madnick，S. E. The Elusive Silver Lining：How We Fail to Learn from Software Development Failures［J］. *Sloan Management Review*，1990，32（1）：39－48.

［83］A. Budihardjo. The Relationship between Job Satisfaction，Affective Commitment，Organizational Learning Climate and Corporate Performance［J］. *GSTF Business Review*（*GBR*），2013，2（4）：58－64.

［84］Acharyulu，P. V. S.，& Seetharamaiah，P. A. Methodological Framework for Software Safety in Safety Critical Computer Systems［J］. *Journal of Computer Science*，2012，8（9）：1564－1575.

［85］A. Fernández－Mesa，J. Alegre－Vidal，R. Chiva－Gómez and A. Gutiérrez－Gracia. Design Management Capability and Product Innovation in SMEs［J］. *Management Decision*，2013，51（3）：547－565.

［86］Akaike H. New Look at Statistical－Model Identification［J］. *IEEE Transactions on Automatic Control*，1974，AC19（6）：716－723.

［87］A. Malik and S. Blumenfeld. Six Sigma，Quality Management Systems And The Development Of Organisational Learning Capability［J］. *The International Journal of Quality & Reliability Management*，2012，29（1）：71－91.

［88］A. M. Mohammed and B. Yusif. Market Orientation，Learning Orientation，and the Performance of Nonprofit Organisations（NPOs）［J］. *International Journal of Productivity and Performance Management*，2012，61（6）：624－652.

［89］Andersson U.，Forsgren M.，Holm U. The Strategic Impact of External Networks：Subsidiary Performance and Competence Development in the Multinational Corporation［J］. *Strategic Management Journal*，2002（23）：979－996.

［90］Andrew Taylor. IT Projects: Sink or Swim ［J］. *Computer Bulletin*, 2000, 82: 1 – 12.

［91］Armstrong, Ben. G, and M. Sloan. Ordinal Regression Models For Epidemiologic Data ［J］. *Am J Epidemiol*, 1989, 129: 191 – 204.

［92］Arora, A. , Telang, R. , and Xu, H. Optimal Policy for Software Vulnerability Disclosure ［J］. *Management Science*, 2008, 54 (4): 642 – 656.

［93］Arunkumar G, Dillibabu R. Design and Application of New Quality Improvement Model: Kano Lean Six Sigma for Software Maintenance Project ［J］. *Arabian Journal for Science and Engineering*, 2016, 41 (3): 997 – 1014.

［94］Aslam T, Krsul I, Spafford A E H. A Taxonomy of Security Faults ［C］. *National Computer Security Conference*, 1996.

［95］Baggen. R, Correia. J. P, Schill. K & Visser. J. Standardized Code Quality Benchmarking for Improving Software Maintainability ［J］. *Software Quality Journal*, 2012, 20 (2): 287 – 307.

［96］Banker R D, Slaughter S A. A Field Study of Scale Economies in Software Maintenance ［J］. *Management Science*, 1997, 43 (12): 1709 – 1725.

［97］Barney J. B. , Firm Resource a Sustained Competitive Advantage ［J］. *Journal of Management*, 1991, 17 (1): 99 – 120.

［98］Baron R M, Kenny D A. The Moderator – Mediator Variable Distinction in Social Psychological Research: Conceptual, Strategic, and Statistical Considerations ［J］. *Journal of Personality and Social Psychology*, 1986, 51 (6): 1173 – 1182.

［99］Beck Kent. Manifesto for Agile Software Development. Agile Alliance, 2001.

［100］Bijlsma. D, Ferreira, M. A, Luijten. B & Visser, J. Faster Issue Resolution with Higher Technical Quality of Software ［J］. *Software Quality Journal*, 2012, 20 (2): 265 – 285.

［101］Bontis N. and J. Girardi. Teaching Knowledge Management and Intellectual Capital Lessons: An Empirical Examination of the Tango Simulation [J]. *Technology Management*, 2000, 20: 545 – 555.

[102] Bontis N. Assessing Knowledge Assets: A Review of the Models Used to Measure Intellectual Capital [J]. *International Journal of management Review*, 2001, 3 (1): 41 – 60.

[103] Bontis N. Intellectual Capital: An Exploratory Study That Develops Measures and Models [J]. *Management Decision*, 1998, 36 (2): 63 – 76.

[104] Bottazzi G., Dosi G., Lippi M., Pammolli F., Riccaboni M. Innovation and Corporate Growth in the Evolution of the Drug Industry [J]. *International Journal of Industrial Organization*, 2001, 19 (7): 1161 – 1187.

[105] Brass D. J. Men's and Women's Networks: A Study of Interaction Patterns and Influence in An Organization [J]. *Academy of Management Journal*, 1985, 28 (2): 327 – 343.

[106] Budihardjo A. The Relationship Between Job Satisfaction, Affective Commitment, Organizational Learning Climate and Corporate Performance [J]. *Gstf Business Review*, 2014, 2 (4): 58 – 64.

[107] Burt R. S. Structural Holes and Good Ideas [J]. *American Journal of Sociology*, 2004, 110 (2): 349 – 399.

[108] Burt R S. *Structural Holes: The Social Structure of Competition* [M]. Cambridge: Harvard University Press, 1992: 207 – 301.

[109] Butcher M, Munro H, Kratschmer T. Improving Software Testing Via ODC: Three Case Studies [J]. *IBM Systems Journal*, 2002, 41: 31.

[110] Byrne D. Interpersonal Attraction And Attitude Similarity [J]. *Journal of Abnormal and Social Psychology*, 1961, 62 (3): 713 – 715.

[111] Byrne D. *The Attraction Paradigm* [M]. Orlando: FL: Academic Press, 1971.

[112] Cancian F. Stratification and Risk – Taking: A Theory Tested on Agricultural Innovation [J]. *American Sociological Review*, 1967, 32 (6): 912 – 927.

[113] Cannon, M. D. and Edmondson A. C. 2004. Failing to Learn and Learning to Fail (intelligently): How Great Organizations Put Failure to Work to Improve and Innovate. *Working Paper*, Harvard School of Business.

[114] Cavusoglu, H. , Cavusoglu, H. and Raghunathan, S. Efficiency of Vulnerability Disclosure Mechanisms To Disseminate Vulnerability Knowledge [J]. *IEEE Transactions on Software Engineering*, 2007, 33 (3): 171 – 184.

[115] C. Chiou and Y. Chen. Relations among Learning Orientation, Innovation Capital and Firm Performance: An Empirical Study in Taiwan's IT/Electronic Industry [J]. *International Journal of Management*, 2012, 29 (3): 321 – 331.

[116] Chang C W, Tong L I. Monitoring The Software Development Process Using A Short – Run Control Chart [J]. *Software Quality Journal*, 2013, 21 (3): 479 – 499.

[117] Chang W S, Hsieh J J. Intellectual Capital and Value Creation – Is Innovation Capital a Missing Link? [J]. *International Journal of Business & Management*, 2011, 6 (2): 3 – 12.

[118] Chillarege R, Bhandari I, Chaar J et al. Orthogonal Defect Classification – A Concept for Inprocess Measurements [J]. *IEEE Transactions on Software Engineering*, 1992 (18): 943 – 956.

[119] Cindy Shelton, Agile and CMMI: Better Together. Scrum Alliance https://www. scrumalliance. org/community/articles/2008/july/agile – and – cmmi – better – together, 2008 – 7 – 9.

[120] Cohen S, Kaimenakis N. *Intellectual Capital and Corporate Performance in Knowledge – Intensive SMEs* [M]. Social Science Electronic Publishing, 2007, 14 (3): 241 – 262.

[121] Connelly C, Kelloway E. Predictors of Employees Perceptions of Knowledge Sharing Cultures [J]. *Leadership & Organization Development Journal*, 2004, 24 (5 /6): 294 – 301.

[122] Coombs R. Core Competencies and the Strategic Management of

R&D [J]. R&D *Management*, 1996, 26 (4): 345 –355.

[123] Cowan R. , Jonard N. , Network Structure and the Diffusion of Knowledge [J]. *Journal of Economic Dynamics & Control*, 2004, 28 (8): 1557 –1575.

[124] Cross R. , Cummings J. N. , Tie and Network Correlates of Individual Performance in Knowledge – Intensive Work [J]. *Academy of Management Journal*, 2004, 47 (6): 928 –937.

[125] C. Shih – Yi and T. Ching – Han. Dynamic Capability, Knowledge, Learning, and Firm Performance [J]. *J. Organ. Change Manage*, 2012, 25 (3): 434 –444.

[126] Davenport T. H. , Prusak L. *Working Knowledge: How Organizations Manage What They Know* [M]. Boston: Harvard Business School Press, 1998.

[127] Day G S, Nedungadi P. Managerial Representations of Competitive Advantage [J]. *Journal of Marketing*, 1994, 58 (2): 31 –44.

[128] De Long D. W. , Fahey L. , Diagnosing Cultural Barriers To Knowledge Management [J]. *The Academy of Management Executive*, 2002, 14 (4): 113 –127.

[129] Dhas W, Dollinger MJ, A Provisional Comparison of Factor Structures Using English, Japanese, and Chinese Versions of the Kirton Adaption – Innovation Inventory [J]. *Psychological Reports*, 1998 (83): 1095 –1103.

[130] Drucker P. F. , Post – Capitalist Society [M]. Harper Business, New York, 1993.

[131] Du W, Mathur A P. Categorization of Software Errors that Lead to Security Breaches [C]. National Information Systems Security Conference, 1997: 392 –407.

[132] Edmondson, A. C. , I. M. Nembhard. Product Development and Learning in Project Teams: The Challenges Are the Benefits [J]. *Journal of Product Innovation Management*, 2009, 26 (2): 123 –138.

[133] Edmondson C, Nembhard. I M. Product Development and Learning in Project Teams: The Challenges Are the Benefits. Journal of Product Innovation Management, 2009, 26 (2): 123 – 138.

[134] Edvinsson, L. and M. S. Malone, Intellectual Capital: Realising your Company's True Value by Finding Its Hidden Brainpower [M]. New York: Harper Business, 1997.

[135] Ensslin, Leonardo, Mesquita Scheid, Luiz Carlos, Mesquita Ensslin, Sandra, de Oliveira Lacerda, Rogério Tadeu. Software Process Assessment And Improvement Using Multicriteria Decision Aiding – Constructivist [J]. *Journal of Information Systems & Technology Management*, 2012, 9 (3): 473 – 496, 24.

[136] Evans, J. R. , & Mahanti, R. Critical Success Factors for Implementing Statistical Process Control in the Software Industry [J]. *Benchmarking*, 2012, 19 (3): 374 – 394.

[137] Ezamly, A. , & Hussin, B. , Estimating Quality – Affecting Risks In Software Projects [J]. *International Management Review*, 2011, 7 (2): 66 – 74.

[138] Fernández – Mesa A, Alegre – Vidal J, Chiva – Gómez R, Gutiérrez – Gracia. A. Design Management Capability and Product Innovation in SMEs [J]. *Management Decision*, 2013, 51 (3): 547 – 565.

[139] Fiol CM, Lyles MA. Organizational Learning [J]. *Academy of Management*, 1985, 10 (4): 803 – 813.

[140] Frenkel K A. What to Do After a Security Breach. Cio Insight, 2014, https: //www. cioinsight. com/security/slideshows/what – to – do – after – a – security – breach. html.

[141] Gary H. Jefferson, Bai Huamao, Guan Xiaojing. R&D Performance in Chinese industry [J]. *Economics of Innovation & New Technology*, 2006, 15 (4 – 5): 345 – 366.

[142] Goh S C, Elliott C, Quon T K. The Relationship between Learning

Capability and Organizational Performance [J]. *The Learning Organization*, 2012, 19 (2): 92 – 108.

[143] Gordon Walker, Bruce Kogut, Weijian Shan, Social Capital, Structural Holes and the Formation of an Industry Network [J]. *Organization Science*, 1997, 8 (2): 109 – 125.

[144] Granovetter M. , Economic Action And Social Structure: The Problem of Embeddedness [J]. *American Journal of Sociology*, 1985, 91 (3): 481 – 510.

[145] Granovetter, M. S. *Networks and Organizations*, *Structure*, *Form and Action*, *Problem of Explanation in Economic Sociology* [M]. Boston: Harvard Business School Press, 1992: 34 – 78.

[146] Grant, R, M, Toward a Knowledge – Based Theory of the Firm [J]. *Strategic Management Journal*, 1996 (17): 109 – 122.

[147] Hadar Ziv, Debra J Richardson. The Uncertainly Principle in Software Engineering [C]. Proceedings of the 19th International Conference on Software Engineering. California. Unite States, 1996 (8).

[148] Handy, C. B. The Age of Unreason. London: Arrow Books Ltd, 1989.

[149] Hansen, T. M. The Search – Transfer Problem: The Role Of Weak Ties In Sharing Knowledge Across Organization Sub – Units [J]. *Administrative Science Quarterly*, 1999, 44 (1): 82 – 111.

[150] Hendriks, P. Why Share Knowledge? The Influence of ICT on the Motivation for Knowledge Sharing [J]. *Knowledge and Process Management*, 1999 (6): 91 – 101.

[151] Henrik Kniberg, Mattias Skarin. Kanban vs Scrum-make the Most of both. InfoQ Trends Reports, https://www. infoq. com/minibooks/kanban – scrum – minibook, Dec 21, 2009.

[152] H. H. Hawass. Exploring The Determinants Of The Reconfiguration Capability: A Dynamic Capability Perspective [J]. *European Journal of Innova-*

tion Management, 2010, 13 (4): 409 – 438.

[153] Hillel Glazer, Jeff Dalton, David Anderson, Mike Konrad, Sandy Shrum. CMMI or Agile: Why Not Embrace Both [R]. Software Engineering Institute of Carnegie Mellon University, 2008 (11): 20 – 29.

[154] Hoo K S, Sudbury A W, Jaquith A R. Tangible ROI through Secure Software Engineering [J]. *Secure Business Quarterly*, 2001, 1 (2): 8 – 10.

[155] H. S. Wanto and R. Suryasaputra. The Effect of Organizational Culture and Organizational Learning Towards the Competitive Strategy and Company Performance [J]. *Information Management and Business Review*, 2012, 4 (9): 467 – 476.

[156] Huang H, Jenatabadi HS, Kheirollahpour M and Radu S. Impact of Knowledge Management and Organizational Learning on Different Dimensions of Organizational Performance: A Case Study of Asian Food Industry [J]. *Interdisciplinary Journal of Contemporary Research in Business*, 2014, 5 (3): 757 – 787 .

[157] Ibarra H. , Andrews S. B. , Power, Social Influence and Sense Making: Effects of Network Centrality and Proximity on Employee Perceptions [J]. *Administrative science quarterly*, 1993, 38 (2): 277 – 303.

[158] Ibarra H. , Homophily and Differential Returns: Sex Differences in Network Structure and Access in an Advertising Firm [J]. *Administrative Science Quarterly*, 1992, 37 (3): 422 – 447.

[159] I. M. Salim and M. Sulaiman. Organizational Learning, Innovation And Performance: A Study of Malaysian Small and Medium Sized Enterprises [J]. *International Journal of Business and Management*, 2011, 6 (12): 118 – 125.

[160] Isa, M. A. , Zaki, M. Z. M. , & Jawawi, D. N. A. A Survey of Design Model For Quality Analysis: From A Performance and Reliability Perspective [J]. *Computer and Information Science*, 2013, 6 (2): 55 – 70.

[161] Jalote, Pankaj. *Software Project Management In Practice* [M]. New York: Addison – Wesley, 2002.

[162] Jarzombek, SJ. The 5th Annual Joint Aerospace Weapons Systems

Support, Sensors, and Simulation Symposium (JAWS S3), Proceedings, 1999.

[163] Jiang, Y, Li, M & Zhou Z. Software Defect Detection with Rocus [J]. *Journal of Computer Science and Technology*, 2011, 26 (2): 328 – 342.

[164] Jiwnani K, Zelkowitz M. Susceptibility Matrix: A New Aid to Software Auditing [J]. *Security & Privacy, IEEE*, 2004, 2 (2): 16 – 21.

[165] Jones, C. Patterns of Software Failure and Success [J]. *Computer*, 1995, 28: 86 – 87.

[166] J. Peng, J. Quan. Characteristics of Social Networks and Employee Behavior and Performance: a Chinese Case Study of a State-owned Enterprise [J]. *Information Resources Management Journal*, 2012, 25 (4): 26 – 45.

[167] Kamath G B. Intellectual Capital and Corporate Performance in Indian Pharmaceutical Industry [J]. *Journal of Intellectual Capital*, 2008, 9 (4): 684 – 704.

[168] Kang S. C., S. S. Morris, S. A. Snell, Extending the Human Resource Architecture: Relational Archetypes and Value Creation [D]. CAHRS' Working Paper Series, 2003: 3 – 13.

[169] Kannan, K., Rees, J. and Sridhar, S. Market Reactions To Information Security Breach Announcements: An Empirical Analysis [J]. *International Journal of Electronic Commerce*, 2007, 12 (1): 69 – 91.

[170] K. Dayaram and L. Fung. Team Performance: Where Learning Makes the Greatest Impact [J]. *Research & Practice in Human Resource Management*, 2012, 20 (1): 1 – 16.

[171] Khalique M, Shaari J A N, Isa A H M, Ageel A, Role of Intellectual Capital on the Organizational Performance of Electrical and Electronic SMEs in Pakistan [J]. *International Journal of Business and Management*, 2011, 6 (9): 253 – 257.

[172] Khan O. J., Jones N., Harnessing Tacit Knowledge For Innovation Creation In Multinational Enterprises: An Internal Social Network Approach

[J]. *Journal for International Business and Entrepreneurship Development*, 2011, 5 (3): 232 – 248.

[173] Kim B C, Chen P Y, Mukhopadhyay T. The Effect of Liability and Patch Release on Software Security: The Monopoly Case [J]. *Production & Operations Management*, 2011, 20 (4): 603 – 617.

[174] Kirton M. Adaptors and Innovators: A Description and Measure [J]. *Journal of Applied Psychology*, 1976, 61 (5): 622 – 629.

[175] Kogut B, Zznder, U, Knoledge of the Firm, Combinative Capabilities, And The Replication of Technology [J]. *Organization Science*, 1992, 3 (3): 383 – 397.

[176] Kumari, N. Applying Six Sigma in Software Companies for Process Improvement [J]. *Review of Management*, 2011, 1 (2): 21 – 33.

[177] Kurtzberg T R, Amabile T M. From Guilford to Creativity Synergy: Opening the Black Box of Team Level Creativity [J]. *Creativity Research Journal*, 2001, 13 (3& 4): 285 – 294.

[178] Laara E, Matthews J N S. The Equivalence of Two Models for Ordinal Data [J]. *Biometrika*, 1985, 72 (1): 206 – 207.

[179] L. Cheng – Yu and Yen – Chih Huang. Knowledge Stock, Ambidextrous Learning, And Firm Performance [J]. *Management Decision*, 2012, 50 (6): 1096 – 1116.

[180] Lee C, Huang Y. Knowledge Stock, Ambidextrous Learning, and Firm Performance [J]. *Management Decision*, 2012, 50 (6): 1096 – 1116.

[181] Lev B, Sougiannis T, The Capitalization, Amortization, and Value – Relevance of R&D [J]. *Journal of Accounting & Economics*, 1996, 21 (1): 107 – 138.

[182] Li, J. , Stalhane, T. , Conradi, R. , & Kristiansen, J. M. W. Enhancing Defect Tracking Systems to Facilitate Software Quality Improvement [J]. *IEEE Software*, 2012, 29 (2): 59 – 66.

[183] Lincoln J. R. , Miller J. , Work and Friendship Ties in Organiza-

tions: A Comparative Analysis of Relation Networks [J]. *Administrative Science Quarterly*, 1979, 24 (2): 181 – 199.

[184] Liu, Y., Khoshgoftaar, T. M., & Seliya, N. Evolutionary Optimization of Software Quality Modeling with Multiple Repositories [J]. *IEEE Transactions on Software Engineering*, 2010, 36 (6): 852 – 864.

[185] Liu, Z, Zhang. X, Wu, Y & Chen, T. An Effective Taint – Based Software Vulnerability Miner [J]. *Compel*, 2013, 32 (2): 467 – 484.

[186] Longstaff T. Update: CERT/CC Vulnerability Knowledge Base [C]. Proc. of DARPA'97. Savannah, Georgia, USA: [s. n.]. 1997.

[187] Makela K, Kalla H K, Piekkari R. Interpersonal Similarity As A Driver of Knowledge Sharing With In Multinational Corporations [J]. *International Business Review*, 2006 (11): 1 – 22.

[188] Martín – Rojas R, García – Morales V J, Mihi – Ramírez A. How Can We Increase Spanish Technology Firms' Performance? [J]. *Journal of Knowledge Management*, 2011, 15 (5): 759 – 778.

[189] Mccutcheon A L. Basic Concepts and Procedures In Single-and Multiple – Group Latent Class Analysis [J]. *Applied Latent Class Analysis*, 2002: 56 – 85.

[190] Mcelduff F. Negative Binomial Regression [J]. *Journal of the Royal Statistical Society: Series A (Statistics in Society)*, 2008, 171 (3): 758 – 759.

[191] McEvily B., Marcus A., Embedded Ties and the Acquisition of Competitive Capabilities [J]. *Strategic Management Journal*, 2005, 26 (11): 1033 – 1055.

[192] McPherson M., L. Smith – Lovin, J. M. Cook, Birds of A Feather: Homophily in Social Networks [J]. *Annual Review of Sociology*, 2001, 27 (1): 415 – 444.

[193] Mussbacher, G., Araújo, J., Moreira, A., & Amyot, D., Aourn – Based Modeling and Analysis of Software Product Lines [J]. *Software Quality Journal*, 2012, 20 (3 – 4): 645 – 687.

［194］Nafei W A，Kaifi B A，Khanfar N M. Organizational Learning as An Approach To Achieve Outstanding Performance：An Applied Study on Al - Taif University，Kingdom Of Saudi Arabia ［J］. *Advances in Management & Applied Economics*，2012（2）：13 - 40.

［195］Nonaka I.，Takeuchi H.，*The Knowledge - Creating Company：How Japanese Companies Create The Dynamics of Innovation* ［M］. USA：Oxford University Press，1995.

［196］Paulk MC.，Extreme Programming from a CMM Perspecitive ［J］. *IEEE Software*，2001，18（6）：19 - 26.

［197］Paulus P. B.，Nijstad B. A. *Group Creativity：Innovation Through collaboration* ［M］. New York：Oxford University Press，2003.

［198］Perry - Smith J. E.，Shalley C. E.，The Social Side of Creativity：A Static and Dynamic Social Network Perspective ［J］. *The Academy of Management Review*，2003，28（1）：89 - 106.

［199］Pirola - Merb A，The Relationship Between Individual Creativity And Team Creativity：Aggregating Across People And Time ［J］. *Journal of Organizational Behavior*，2004，25（2）：235 - 257.

［200］Png，I. P. L.，Wang，C. Y.，and Wang，Q. H. The Deterrent And Displacement Effects of Information Security Enforcement：International Evidence ［J］. *Journal of Management Information Systems*，2008，25（2）：125 - 144.

［201］Polanyi. *Personal Knowledge* ［M］. Chicago：University of Chicago Press，1958.

［202］Power R. Current and Future Danger：A CSI Primer of Computer Crime & Information Warfare ［R］. San Francisco，CA，USA：Computer Security Institute，Tech. Rep. ：CSE - 96 - 11，1996.

［203］Preece，J.，Empathic Communities：Balancing Emotional and Factual Communication ［J］. *Interacting with Computers*，1999，12（1）：63 - 77.

［204］Preece J. K.，Ghozati. *Observations and Explorations of Empathy*

Online. In. R. R. Rice and J. E. Katz, *The Internet and Health Communication*: *Experience and Expectations* [M]. Sage Publications, Thousand Oaks, 2001.

[205] Ransbotham S. An Empirical Analysis of Exploitation Attempts based on Vulnerabilities in Open Source Software [J]. *Weis*, 2010, June (2010): 1 –25.

[206] Reagans R. , McEvily B. , Network structure and knowledge transfer: The effects of cohesion and range [J]. *Administrative Science Quarterly*, 2003, 48 (2): 240 –267.

[207] Riahi – Belkaoui A. Intellectual Capital and Firm Performance of US Multinational Firms: A Study of the Tesource – Based and Stakeholder Views [J]. *Journal of Intellectual Capital*, 2003, 4 (2): 215 –226.

[208] Sams, D, & Sams, P. Software Security Assurance A Matter of Global Significance: Product Life Cycle Propositions [J]. *Journal of Technology Research*, 2012 (3): 1 –9.

[209] S. C. Goh, C. Elliott and T. K. Quon. The Relationship between Learning Capability and Organizational Performance [J]. *The Learning Organization*, 2012, 19 (2): 92 –108.

[210] Schepers P, van den Berg PT. Social Factors of Work – Environment Creativity [J]. *Journal of Business and Psychology*, 2007, 21 (3): 407 –428.

[211] Schneidewind N. What Can Software Engineers Learn From Manufacturing to Improve Software Process and Product? [J]. *Journal of Intelligent Manufacturing*, 2011, 22 (4): 597 –606.

[212] Schwarz G. Estimating the Dimension of a Model [J]. *Annals of Statistics*, 1978, 6 (2): 15 –18.

[213] Senge PM, The Fifth Discipline: Art And Practice Of The Learning Organizations [J]. *Performance Improvement*, 1990, 30 (5): 37 –37.

[214] Sharabati, A. A. A. Jawad, S. N. and Bontis, N. , Intellectual Capital and Business Performance in the Pharmaceutical Sector of Jordan [J]. *Management Decision*, 2010, 48 (1 –2): 105 –131.

[215] Shine Technologies Pty Ltd. Agile Methodologies Survey Result. Corporate Report. http: //www. shinetech. com/agile_survey. jsp, 2002, 11.

[216] Sitkin, S. B. Learning Through Failure: the Strategy of Small Losses. In M. D. Cohen and L. S. Sproull (Eds.), *Organizational learning*, Sage Thousand Oaks, CA, 1996: 541 – 578.

[217] Slater S F, Narver J C. Market Orientation and the Learning Organization [J]. Journal of Marketing, 1995, 59 (3): 63 – 74.

[218] Snijders T. A B. , Models for Longitudinal Network Data [J]. *Models and Methods in Social Network Analysis*, 2005 (1): 215 – 247.

[219] Snijders T. A B. , The Statistical Evaluation of Social Network Dynamics [J]. *Sociological methodology*, 2001, 31 (1): 361 – 395.

[220] Sougiannis T, The Accounting Based Valuation of Corporate R&D [J]. *Accounting Review*, 1994, 69 (1): 44 – 68.

[221] Stewart, T. , Ruckdeschel, C. Intellectual Capital: The New Wealth of or Ganizations [J]. *Performance Improvement*, 1998, 37 (7): 56 – 59.

[222] Sune, D. M. , & Nielsen, P. A. Competing Values In Software Process Improvement: A Study Of Cultural Profiles [J]. *Information Technology & People*, 2013, 26 (2): 146 – 171.

[223] S. Y. Ebrahimian Jolodar and S. R. Ebrahimian Jolodar. The Relationship between Organizational Learning Capability and Job Satisfaction [J]. *International Journal of Human Resource Studies*, 2012, 2 (1): 15.

[224] Symons, C. Software Industry Performance: What You Measure is What You Get [J]. *IEEE Software*, 2010, 27 (6): 66 – 72.

[225] Tan HP, Plowman D, Hancock P. Intellectual Capital and Financial Returns of Companies [J]. *Journal of Intellectual Capital*, 2007, 8 (1): 76 – 95.

[226] Telang R, Wattal S. An Empirical Analysis of the Impact of Software Vulnerability Announcements on Firm Stock Price [J]. *IEEE Transactions*

on *Software Engineering*, 2007, 33 (8): 544 – 557.

[227] Thelwall M. Homophily in Myspace [J]. *Journal of the American Society for Information Science and Technology*, 2009, 60 (2): 219 – 231.

[228] T. Kuo. How to Improve Organizational Performance Through Learning and Knowledge? [J]. *International Journal of Manpower*, 2011, 32 (5): 581 – 603.

[229] Tsai W. P. , Ghoshal S. , Social Capital And Value Creation: The Role Of Intrafirm Networks [J]. *Academy of Management Journal*, 1998, 41 (4): 464 – 476.

[230] Unterkalmsteiner, M. , Gorschek, T. , Islam, A. K. M. , Cheng, C. K. , Permadi, R. B. , & Feldt, R. Evaluation and Measurement of Software Process Improvement – A Systematic Literature Review [J]. *IEEE Transactions on Software Engineering*, 2012, 38 (2): 398 – 424.

[231] Uzzi B. , Social Structure and Competition in Interfirm Networks: The paradox of Embeddedness [J]. *Administrative Science Quarterly*, 1997, 42 (1): 35 – 67.

[232] Vermunt J K. , Latent Profile Model [J]. *Sage Encyclopedia of Social Sciences Research Methods*, 2004: 554 – 555.

[233] V. Morales, M. J. Barrionuevo and F. J. L. Montes. Influencia del nivel de aprendizaje en la innovación y desempeño organizativo: Factores impulsores del aprendizaje/Influence of the level of learning in the organizational innovation and performance: Driving factors of learning. Revista Europea De Direccióny Economía De La Empresa, 2011, 20 (1): 161 – 186.

[234] Walker S H, Duncan D B. Estimation of the Probability of an Event as A Function of Several Independent Variables [J]. *Biometrika*, 1967, 54 (1 – 2): 167 – 179.

[235] Wang J C. Investigating Market Value and Intellectual Capital for S&P 500 [J]. *Journal of Intellectual Capital*, 2008, 9 (04): 546 – 563.

[236] Watts S HumPhrey. Managing the Software Proeess [M]. New

York: Addison – Wesley, 1989, 33.

[237] Wernerfelt B. A. Resource-based View of the Firm [J]. *Strategic Management Journal*, 1984, 5 (2): 171 – 180.

[238] Williamson O. E. *The Economic Institutions of Capitalism: Firms, Markets, Relational Contracting* [M]. NewYork: Free Press, 1985.

[239] Wolfgang B. Knowledge Management: Core Competence in Competition [C]. The Future of the Automotive Industry: Challenges and Concepts for the 21st century, Pa. Society of Automotive Engineers, 2001: 195 – 220.

[240] Woodman R. W. , Sawyer J. E. , Griffin R. W. Toward A Theory of Organizational Creativity [J]. *Academy of management review*, 1993, 18 (2): 293 – 321.

[241] Y. J. Kim, S. Song, V. Sambamurthy and Y. L. Lee. Entrepreneurship, Knowledge Integration Capability, and Firm Performance: An Empirical Study [J]. *Inf. Syst. Front*, 2012, 14 (5): 1047 – 1060.

[242] Youndt M A, Subramaniam M, Snell S A. Intellectual Capital Profiles: An Examination of Investments and Returns * [J]. *Journal of Management Studies*, 2004, 41 (2): 335 – 361.

[243] Zenger T. R. , B. S. Lawrence, Organizational demography: The Differential Effects of Age and Tenure Distributions on Technical Communication [J]. *Academy of Management Journal*, 1989, 32 (2): 353 – 376.

后　记

本书是在国家自然科学基金资助下（基金号：71572196）完成的学术研究，在此，感谢国家基金委提供的资助；感谢我指导的研究生肖文彬、王晓冉、刘中元、杨晓媚和赵建文，虽然他们都已毕业，但是，他们的研究热情以及对科学追求的精神，值得学习，他们在老师的指导下从文献查阅、研究设计、研究构念到数据收集，再到书稿的反复修改都付出了巨大的艰辛和努力，如果没有他们的支持和努力，本人的软件漏洞学习与创新质量研究无法完整地实现；感谢国际合作团队成员，他们是在Salisbury University任教的博士全竞教授和在Midwestern State University任教的博士张国英副教授，他们的国际视野与研究实力对本人的研究提出了非常好的建议和指导，对本书的研究深度及创新起到了十分重要的作用。

　　最后，感谢我的家人对我研究工作的支持，妻子的理解并承担了所有家务，母亲在世时的体谅和鼓励推动我对科研与教学工作的执着追求。正是有各位同学、同事、朋友与家人的支持，才使本书能够得以顺利完成，在此本人再次表示最诚挚的感谢！

作者于康乐园
2019 年 12 月 18 日